高等职业教育"十四五"规划旅游大类精品教材
专家指导委员会、编委会

高等职业教育"十四五"规划旅游大类精品教材

总顾问 ◎ 王昆欣

茶艺与茶文化

Tea Art and Tea Culture

主　审◎王　莉

主　编◎刘翠萍　李欣妍

副主编◎周婧轩　滕　飞

参　编◎李竹君　邱　华　何　群

　　　　刘小丹　高晓华　傅美芳

　　　　徐　谦　刘　东　李　航

华中科技大学出版社
http://press.hust.edu.cn
中国·武汉

内 容 提 要

中国茶文化源远流长，博大精深。随着茶在社会中的广泛普及，越来越多的人开始品茶，近10年，中国茶产业飞速发展。目前，中国茶产业市场规模日益扩大，急需一批了解茶文化和茶艺技能的高级茶艺师。本书的写作目的是应对茶产业市场发展需求，针对酒店管理与数字化运营、茶文化与茶艺、旅游管理及餐饮管理等专业的中高职学生及相关行业从业人员，建立清晰明了的茶艺与茶文化理论体系，并按照国家行业标准梳理出各类茶叶的制作、冲泡流程。

本书既可以作为高等职业院校茶艺与茶文化专业教学用书，也可以作为茶产业就业人员从业前的培训用书，还可以作为茶艺师职业技能等级考核的参考教材。

图书在版编目(CIP)数据

茶艺与茶文化 / 刘翠萍，李欣妍主编 . -- 武汉：华中科技大学出版社，2024.9. -- (高等职业教育"十四五"规划旅游大类精品教材). -- ISBN 978-7-5772-0952-4

Ⅰ. TS971.21

中国国家版本馆 CIP 数据核字第 2024R655B8 号

茶艺与茶文化
Chayi yu Chawenhua

刘翠萍　李欣妍　主编

总 策 划：李　欢
策划编辑：王　乾
责任编辑：聂筱琴　王　乾
封面设计：原色设计
责任校对：张会军
责任监印：周治超
出版发行：华中科技大学出版社(中国·武汉)　　　电话：(027)81321913
　　　　　武汉市东湖新技术开发区华工科技园　　　邮编：430223
录　　排：孙雅丽
印　　刷：武汉市洪林印务有限公司
开　　本：787mm×1092mm　1/16
印　　张：18
字　　数：407千字
版　　次：2024年9月第1版第1次印刷
定　　价：59.80元

总序
ZONGXU

习近平总书记在党的二十大报告中深刻指出,要"统筹职业教育、高等教育、继续教育协同创新,推进职普融通、产教融合、科教融汇,优化职业教育类型定位","实施科教兴国战略,强化现代化建设人才支撑","要坚持教育优先发展、科技自立自强、人才引领驱动","开辟发展新领域新赛道,不断塑造发展新动能新优势","坚持以文塑旅、以旅彰文,推进文化和旅游深度融合发展",这为职业教育发展提供了根本指引,也有力地提振了旅游职业教育发展的信念。

2021年,教育部立足增强职业教育适应性,体现职业教育人才培养定位,发布了《职业教育专业目录(2021年)》,2022年,又发布了新版《职业教育专业简介》,全面更新了职业面向、拓展了能力要求、优化了课程体系。因此,出版一套以旅游职业教育立德树人为导向、融入党的二十大精神、匹配核心课程和职业能力进阶要求的高水准教材成为我国旅游职业教育和人才培养的迫切需要。

基于此,在全国有关旅游职业院校的大力支持和指导下,教育部直属大学出版社——华中科技大学出版社,在党的二十大精神的指引下,主动创新出版理念、改进方式方法,汇聚一大批国内高水平旅游院校的国家教学名师、全国旅游职业教育教学指导委员会委员、全国餐饮职业教育教学指导委员会委员、资深教授及中青年旅游学科带头人,编撰出版"高等职业教育'十四五'规划旅游大类精品教材"。本套教材具有以下特点:

一、全面融入党的二十大精神,落实立德树人根本任务

党的二十大报告中强调:"坚持和加强党的全面领导。"坚持党的领导是中国特色职业教育最本质的特征,是新时代中国特色社会主义教育事业高质量发展的根本保证。因此,本套教材在编写过程中注重提高政治站

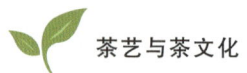
位,全面贯彻党的教育方针,"润物细无声"地融入中华优秀传统文化和现代化发展新成就,将正确的政治方向和价值导向作为本套教材的顶层设计并贯彻到具体项目任务和教学资源中,不仅培养学生的专业素养,还注重引导学生坚定理想信念、厚植爱国情怀、加强品德修养,以期落实"立德树人"这一教育的根本任务。

二、基于新版专业简介和专业标准编写,权威性与时代适应性兼具

教育部2022年发布新版《职业教育专业简介》后,华中科技大学出版社特邀我担任总顾问,同时邀请了全国近百所职业院校知名教授、学科带头人和一线骨干教师,以及旅游行业专家成立编委会,对标新版专业简介,面向专业数字化转型要求,对教材书目进行科学全面的梳理。例如,邀请职业教育国家级专业教学资源库建设单位课程负责人担任主编,编写《景区服务与管理》《中国传统建筑文化》及《旅游商品创意》(活页式);《旅游概论》《旅游规划实务》等教材为教育部授予的职业教育国家在线精品课程的配套教材;《旅游大数据分析与应用》等教材则获批省级规划教材。经过各位编委的努力,最终形成本套"高等职业教育'十四五'规划旅游大类精品教材"。

三、完整的配套教学资源,打造立体化互动教材

华中科技大学出版社为本套教材建设了内容全面的线上课程资源服务平台:在横向资源配套上,提供全系列教学计划书、教学课件、习题库、案例库、参考答案、教学视频等配套教学资源;在纵向资源开发上,构建了覆盖课程开发、习题管理、学生评论、班级管理等集开发、使用、管理、评价于一体的教学生态链,打造了线上线下、课内课外的新形态立体化互动教材。

本套教材既可以作为职业教育旅游大类相关专业教学用书,也可以作为职业本科旅游类专业教育的参考用书,同时,可以作为工具书供从事旅游类相关工作的企事业单位人员借鉴与参考。

在旅游职业教育发展的新时代,主编出版一套高质量的规划教材是一项重要的教学质量工程,更是一份重要的责任。本套教材在组织策划及编写出版过程中,得到了全国广大院校旅游教育教学专家教授、企业精英,以及华中科技大学出版社的大力支持,在此一并致谢!

衷心希望本套教材能够为全国职业院校的旅游学界、业界和对旅游知识充满渴望的社会大众带来真正的精神和知识营养,为我国旅游教育教材建设贡献力量。也希望并诚挚邀请更多旅游院校的学者加入我们的编者和读者队伍,为进一步促进旅游职业教育发展贡献力量。

王昆欣

世界旅游联盟(WTA)研究院首席研究员

高等职业教育"十四五"规划旅游大类精品教材总顾问

前言
QIANYAN

　　中国是世界上最早发现茶和利用茶的国家,中国茶文化源远流长、博大精深。作为中国传统饮品,茶饮已成为风靡全世界的三大无酒精饮料之一。茶不但推进了我国文明发展的进程,而且极大地丰富了西方乃至世界各地的物质文化生活。随着社会的发展与进步,人们的物质生活水平逐渐提高,饮茶满足了人们"养身"和"养心"的需求。茶产业的发展面临难得的机遇,社会对茶艺服务人员的需求也日益增长,国内高校的茶艺相关课程也面临升级发展。

　　党的二十大报告明确指出,"育人的根本在于立德",要求"全面贯彻党的教育方针,落实立德树人根本任务,培养德智体美劳全面发展的社会主义建设者和接班人"。"中国传统制茶技艺及其相关习俗"在联合国教科文组织保护非物质文化遗产政府间委员会第十七届常会上被列入联合国教科文组织人类非物质文化遗产代表作名录。人类需要和谐共处,需要优雅、诗意地栖居,中国茶文化讲究"茶和天下",其"清静和雅"的理念契合了当今世界的需求。

　　本书承载了当今社会对于高素质技术技能人才培养的期待。同时编者也希望本书的内容有利于广大学习者传承和弘扬中国茶文化,增强民族自信、历史自信和文化自信。

　　本书的内容是编者基于《国家职业教育改革实施方案》,顺应职教发展趋势,结合工作实际,与杭州开元旅业集团、哈尔滨姜记茶号、哈尔滨花园邨宾馆等企业联合开发的。本书主要面向高等院校酒店、旅游、餐饮等相关专业的师生和茶艺馆服务人员,主要包含习得中国茶文化之精髓、感悟饮茶与养生之道、辨识茶叶之分类、茶事服务之认知、茶席设计概述、修习精湛茶艺等内容,以项目为导向,以任务为驱动,系统融入课程思政目标和思政典型案例,并附有相关教学视频。

　　本书由黑龙江旅游职业技术学院刘翠萍、李欣妍担任主编,黑龙江旅

游职业技术学院周婧轩、滕飞担任副主编。本书参编包括黑龙江旅游职业技术学院李竹君、邱华、何群、杭州开元旅业集团傅美芳、哈尔滨花园邨宾馆刘小丹、哈尔滨姜记茶号李航等。全书编写分工具体如下：刘翠萍负责全书的校对、统编、定稿工作，李欣妍负责项目一、项目二、附录A、附录B、附录C的编写工作，周婧轩负责项目三、项目四、项目五的编写工作，滕飞负责项目六、项目七的编写工作，其他编者为本书的编写及数字资源库建设方面做出了一定贡献，相关合作企业为本书的编写提供了大量精美图片。

编者在编写本书的过程中参阅了大量的研究资料和成果，在此向相关专家和学者致以诚挚的感谢！由于编者水平有限，尽管经过多次审阅，本书难免存在不足之处，敬请各位专家、读者批评指正。此外，感谢相关合作企业对本书编写工作的大力支持，愿本书能为我国茶艺行业的发展做出应有的贡献。

编者

目录
MULU

模块三　茶之应用

模块四　茶之技艺

Note

模块一

茶文化之源

项目一
习得中国茶文化之精髓

项目情景描述

通过本项目的学习,了解中国茶的起源与传播、茶文化的概念及其形成与发展,学习饮茶的历史与演变,掌握茶道以及茶文化国际化的相关知识。

知识网络

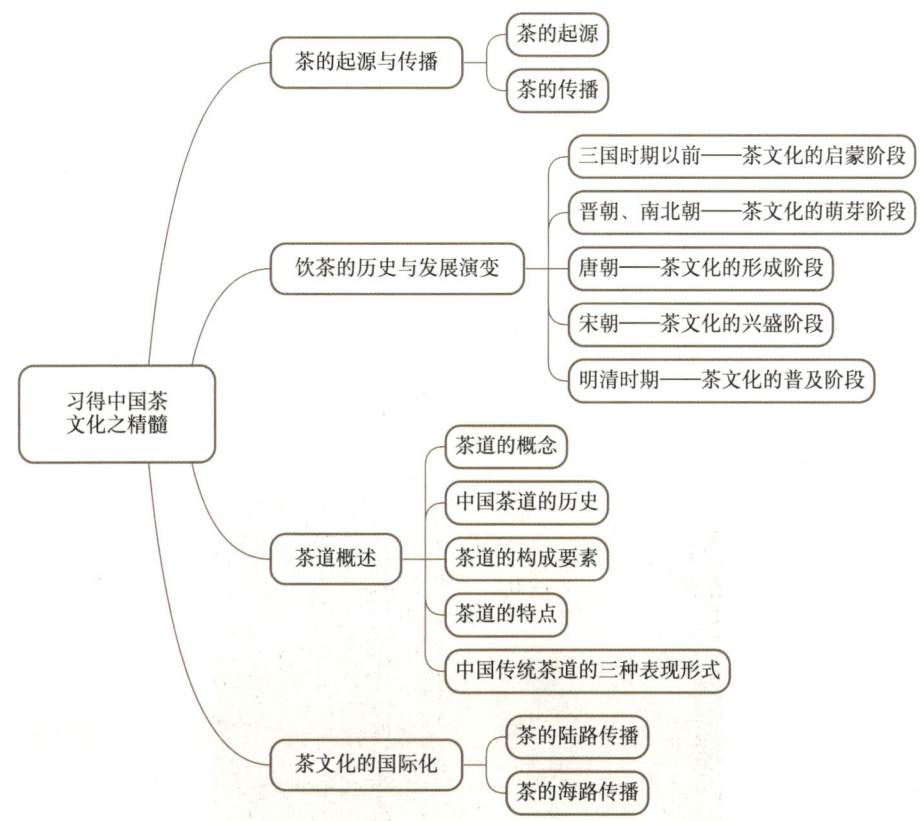

项目目标

知识目标

(1)掌握中国茶文化的起源、传播、发展演变及精神内涵。
(2)掌握茶道的概念、形成和发展,饮茶的历史与演变,以及茶文化的国际化。

能力目标

(1)理解中国茶文化所蕴含的茶道精神。
(2)能够展示行茶礼仪,初步具备展示茶艺代表性环节的能力。

素养目标

（1）热爱中华优秀传统茶文化，感悟中国优秀的物质文化遗产，增强文化自信。

（2）培养"茶人修养"和茶道精神。

任务一　茶的起源与传播

任务目标

通过本任务的学习，了解茶和饮茶文化在我国的起源与传播历程，掌握茶在我国各个历史时期的发展状况和社会影响，以及茶在文化传承中扮演的重要角色，增进对茶文化的概念的理解。

任务描述

关于茶的用途的最早记载见于《神农本草经》（如图1-1-1所示），这是我国现存最早的一部药物学专著。书中记载："神农尝百草，日遇七十二毒，得荼（茶）而解之。"相传神农为人治病，亲自尝试各种草木的功效，在某次煮水时，偶然有茶叶由枝头飘入锅内，使得神农意外发现茶水可用于治病。另一版本的传说是，神农在尝试草木的治病功效时，因误食一种有毒植物，中毒昏迷在树下，幸得茶树上的水滴入口中而得救[①]。当然，这些仅是传说而已，但是后人仍尊称神农氏为"茶王"。

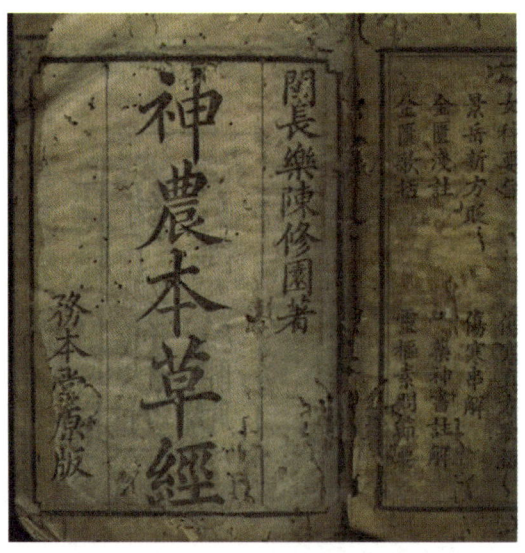

图1-1-1　《神农本草经》[②]

---

①予天.我国茶史纵横谈[J].蚕桑茶叶通讯，1986（2）.

②图片来源：https://health.wenwo.com/iw/aiwenArticle/5b83ad60e4b0287911dbc507?contentType=1.

"茶"的最初字形为"荼",出现于唐朝,自中唐时期开始分离出来,为"茶"及"茗"。史籍中所记载的与"茶"有关的文字还有槚(jiǎ)、荈(chuǎn)、葭(jiā)、诧(chà)等[①]。"茶"字的演变见图1-1-2。

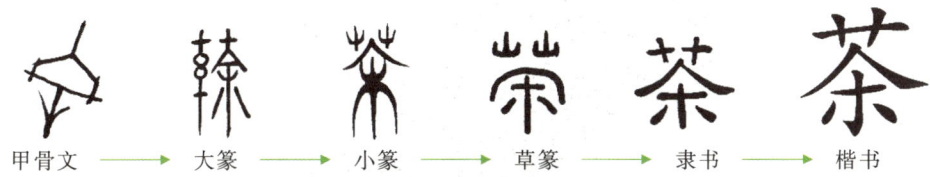

图1-1-2 "茶"字的演变

如今,茶已成为风靡全世界的三大无酒精饮料(另两者分别为咖啡、可可)之一。茶不但推进了我国文明的发展进程,而且极大地丰富了西方乃至世界各地的物质文化生活。

任务分析

本任务主要引导学生了解我国是世界上最早采制和饮用茶叶的国家,培养学生对我国茶的起源及发展情况的讲解能力。

任务准备

准备与我国茶的传播途径相关的资料。

任务实施

一、茶的起源

(一)饮茶始于西汉

关于饮茶的起源,历史上存在多种说法,至今仍无定论。大致说来,有"先秦说""三国说""魏晋说""西汉说"等。编者在梳理茶的发展脉络时,主要参考"西汉说"。从神农时代的吃茶到现代的品饮,人们饮茶的习俗有千年的历史,经历了吃、喝、饮、啜、品的阶段,实现了从满足生理需求到追求精神享受的境界提升。

我国春秋战国后期及西汉初期,曾发生过几次大规模的战争和人口迁徙。特别是在秦王统一六国之后,四川和其他各地的货物交换和经济交流情况得到了加强,茶树的栽培技术、茶叶的制作技术及饮用茶叶的风俗开始向陕西、河南等地(当时的经济、政治、文化中心)传播,使得这些地方成为我国北方极为古老的茶区,其传播路径随后又逐渐转向长江中下游,并最终传至南方各地。阳陵出土茶叶如图1-1-3所示。

---

①予天.我国茶史纵横谈[J].蚕桑茶叶通讯,1986(2).

图 1-1-3　阳陵出土茶叶①

　　明朝周高起的《洞山岕茶系》中记载："相传古有汉王者,栖迟茗岭之阳,课童艺茶。"②清朝邵晋涵的《尔雅正义》中记载："汉人有阳羡买茶之语,则西汉已尚茗饮矣。"说明宜兴在西汉时期已有茶叶交易。西晋陈寿的《三国志·吴书》中,记载了孙皓"以茶代酒"的典故——"皓每飨宴,无不竟日。坐席无能否,率已七升为限,虽不悉入口,皆浇灌取尽。曜素饮酒不过二升,初见礼异时,常为裁减,或密赐茶荈以当酒"③。这说明以茶代酒在三国时期便已经出现,为不胜酒力者所行的礼节④。

（二）饮茶发展于三国两晋南北朝

　　中国饮茶始于西汉有史可据,然而在西汉时期,饮茶主要限于巴蜀之地,当时对茶有所记载的司马相如、王褒、杨雄等均来自该地。从西汉发展至三国时期,在巴蜀之外,茶是供上层社会享用的珍贵饮品,普通民众少有机会饮茶。《世说新语·纰漏》中记载："座席竟,下饮。"由此可知,两晋时期饮茶逐渐成为文人雅士间的一种风尚。到了南北朝,已经产生从仅限官家豪门饮茶,到寻常百姓均能负担饮茶的转变,这说明茶叶已流行于社会各阶层⑤。图 1-1-4 为南北朝时期的洪州窑青釉莲瓣纹盘。

---

①图片来源：https://xafbapp.xiancn.com/newxawb/pc/pic/202312/09/caf2a1de-2fb9-4cf5-bd9e-7d21639b01cd.pdf。

②叶羽.茶书集成[M].哈尔滨：黑龙江人民出版社,2001.

③吴建丽.探寻中国茶[M].北京：中国轻工业出版社,2021.

④唐力新.茶的传播[J].茶叶,1979（2）.

⑤予天.我国茶史纵横谈[J].蚕桑茶叶通讯,1986（2）.

图 1-1-4　南北朝洪州窑青釉莲瓣纹盘[①]

（三）饮茶风俗兴于中唐

陆羽（733—804 年），字鸿渐，又名疾，自称桑苎翁，号竟陵子、东冈子，复州竟陵（今湖北天门）人。唐朝饮茶风俗兴盛，茶叶成为主要商品之一，陆羽年轻时遍历长江中下游和淮河流域，考察收集了大量有关茶叶生产和其他茶事的资料，在此基础上形成了《茶经》的雏形。

陆羽的《茶经》初稿约成于唐代宗永泰元年（765 年），定稿于唐德宗建中元年（780年）。《茶经》认为当时的饮茶之风在东都洛阳和西都长安，以及湖北、山东一带极为盛行，民间把茶当作家常饮料。《茶经》系统地总结了唐朝中期以前我国种茶、制茶和饮茶的经验，以及陆羽本人的体会[②]。《茶经》分上、中、下三卷，共计十篇，包括：《一之源》，论述茶的起源；《二之具》，介绍采茶、制茶的用具；《三之造》，记载茶叶种类和采制方法；《四之器》，陈述饮茶的器皿及我国瓷窑茶品的优劣；《五之煮》，论述煮茶方法和各地水质的优劣；《六之饮》，记载饮茶风俗和品茶、饮茶的方法；《七之事》，列举历史上有关茶的典故、传说，以及茶的相关药效；《八之出》，记载了当时的名茶产地及所产茶叶的优劣；《九之略》，指出在特殊条件下，哪些器皿可以省略，哪些方法可以简化；《十之图》，主张把《茶经》制成挂图，张挂在座位旁，以便随时参悟。其中有关茶的生产和特性，以及采茶所用的器物等内容应属于农学范围。从《茶经》我们可以看出，唐朝南方已有很高的茶树种植及茶叶生产水平。

《茶经》是世界上第一部关于茶的专著。它的出现，对我国乃至世界茶学发展都具有划时代的意义。

《茶经》将唐朝的产茶区域分为八个茶区，相关记载为"岭南生福州、建州、韶州、象州。其恩、播、费、夷、鄂、袁、吉、福、建、泉、韶、象十二州，未详。往往得之，其味极佳"[③]。

唐朝为茶传播的高峰期。唐朝茶传至日本和朝鲜，是从物质层面的茶饮，到精神

①本书在编著过程中使用了部分图片，在此向这些图片的版权所有者表示诚挚的谢意！由于客观原因，我们无法联系到您。如您能与我们取得联系，我们将在第一时间更正任何错误或疏漏。

②江玉祥.雅安与茶马古道[J].四川文物，2012（2）.

③郑柔敏.陆羽·茶经演绎[M].成都：成都时代出版社，2015.

Note

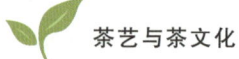

层面的与茶相关的文明礼仪的全面渗透。唐朝时期,日本曾派遣唐使来中国学习先进技术和文化。遣唐使在学习中国先进技术的同时,将茶文化一并带回了日本,并将其与宗教、哲学、伦理等相结合,形成了茶道。日本明治时期女性茶道教育兴起,对茶道的掌握程度,成为衡量女性是否贤惠和是否有教养的标准之一。对于武士来说,茶道象征着一种民族精神。

（四）饮茶风俗盛行于宋朝

宋承唐风,饮茶风俗日益普及,并发展为斗茶等。宋徽宗赵佶不爱从政,偏爱于琴、棋、书、画、茶。当时臣子为迎合皇帝,纷纷研究起茶来,搜寻好茶相赠。宋徽宗对茶颇有研究,在《大观茶论》中写道:"缙绅之士,韦布之流,沐浴膏泽,熏陶德化,咸以雅尚相推,从事茗饮。故近岁以来,采择之精、制作之工、品第之胜、烹点之妙,莫不咸造其极。"王安石善于议法,其在《议茶法》中写道:"夫茶之为民用,等于米盐,不可一日以无。"宋朝对茶叶征收税赋,并设置榷茶司专门管理茶叶的买卖等事,说明此时的茶业已逐渐进入规范化的阶段。

唐宋时期茶文化的传播线路为西南—东南—东北—新疆—西藏,逐渐出现"茶百戏"、点茶法。范仲淹在《和章岷从事斗茶歌》中写道,"斗茶味兮轻醍醐,斗茶香兮薄兰芷",意为好茶的茶味胜过酥酪,茶香胜过兰草、白芷。这说明宋朝斗茶已经开始讲究茶汤的滋味和香气。

南宋都城临安(今浙江杭州)茶肆林立,在南宋吴自牧的《梦粱录》中有相关描述,例如:夜市"大街有车担设浮铺,点茶汤",为游览观光之人提供便利;有"提茶瓶沿门点茶"的,有"以茶水点送门面铺席"的,僧道头陀"以茶水沿门点送,以为进身之阶"。由此可以看出,茶在当时社会中扮演着重要角色[①]。

饮茶风俗的盛行,使得茶艺也不断精巧起来。南宋刘松年的《撵茶图》就描绘了从磨茶到烹点的相关场景。

二、茶的传播

（一）茶在我国国内的传播

中国是世界上最早采制和饮用茶叶的国家,创造了辉煌而独特的茶文化,并且逐步将茶文化传播到邻近国家乃至整个世界。

1.秦汉以前:巴蜀是中国茶业的摇篮

顾炎武曾说"自秦人取蜀而后,始有茗饮之事",他认为饮茶自秦朝统一巴蜀地区之后逐渐传播开来,这一观点强调了巴蜀地区在中国乃至世界茶文化发展史上的起源地位,并且得到了当今学者的广泛认可。巴蜀地区在战国时期甚至更早就已经建立了具有一定规模的茶产区,并且将茶叶作为珍贵的贡品。

---

①唐力新.茶的传播[J].茶叶,1979(2).

西汉王褒的《僮约》中的相关记载体现了巴蜀茶业在我国早期茶业史上的突出地位，"烹茶尽具"反映了西汉时期成都一带不仅饮茶成为风尚，还出现了专门用具；从"武阳买茶"可以看出，当时出现了如"武阳"一类的茶叶市场，茶叶已经商品化。依据后来的文献记载可知，西汉时期成都不仅是我国的茶叶消费中心，也是较早的茶叶集散中心[①]。

2. 三国两晋：长江中游茶业发展壮大

秦汉时期，巴蜀地区与各地的经济文化交流带动了茶叶的传播，首先向东部、南部传播，如湖南茶陵的命名，就是一个佐证。茶陵是西汉时设的一个县，该地因产茶而得名。茶陵邻近江西、广东边界，可知西汉时期茶叶的生产已经传到了湘、粤、赣及其毗邻地区。

三国、西晋时期，由于地理上的有利条件和社会经济文化水平的提升，随着荆楚茶业的发展和茶文化在全国各地的广泛传播，荆汉地区逐渐取代巴蜀地区在中国茶文化传播方面的地位。三国时期，孙吴据有东南半壁江山，这一地区在当时成为我国茶业传播和发展的主要区域。此时，南方栽种茶树的规模有了很大的发展，而饮茶的习俗也流传到了北方，在名门贵族中盛行。《荆州土地记》佐证了西晋时期长江中游茶业的发展，其载曰："武陵七县通出茶，最好。"这从侧面说明了巴蜀地区在茶业中独冠全国的优势已不复存在，荆汉地区的茶业明显发展壮大起来。

西晋之后，北方豪门过江侨居，建康（今南京）成为我国南方的政治中心。这一时期，上层社会盛行崇茶之风，南方尤其是江东茶文化有了较大的发展，促进我国茶业进一步向东南地区发展。这一时期，我国东南地区种植茶树的地域由浙西扩展到了现今温州、宁波沿海一线。此外，《桐君录》中记载："西阳、武昌、晋陵皆出好茗。"晋陵即今常州，其茶叶销往宜兴。这说明在东晋和南朝时期，长江下游宜兴一带的茶业同样发展起来。三国两晋之后，茶业发展重心向东迁移的趋势愈加明显。

3. 唐朝：长江中下游地区成为茶树种植和茶叶生产中心

六朝以前，茶的生产和饮用主要集中于南方，北方的饮茶人群相对较少。至唐朝中后期，如《膳夫经手录》中所载："今关西、山东，闾阎村落，皆吃之，累日不食犹得，不得一日无茶也。"表明西北少数民族地区已嗜茶成俗，南方茶叶生产随之蓬勃发展起来。尤其是交通便利的江南和淮南茶区，茶叶生产更是得到了格外发展。唐朝中后期，长江中下游地区的茶叶产量大幅度增加，制茶技术也达到了当时的最高水平，湖州的紫笋茶和常州阳羡茶成为贡茶就足以体现。这反映了茶树种植和茶叶生产的中心已经向长江中游和下游转移，江南的茶叶生产量达到了高峰。相关史料记载，安徽祁门周围，千里之内茶树种植极为普遍，各地种茶，"山无遗土，业于茶者十之七八"。同时，由于贡茶主要产自江南，大大促进了该地区制茶技术的提高，也带动了全国各茶区的发展。根据《茶经》和唐朝其他文献可知，当时的茶叶产区已遍及今四川、陕西、湖

[①] 黄玉梅. 茶文化的传播与饮茶礼仪[J]. 农业考古，2008（5）.

北、云南、广西、贵州、湖南、广东、福建、江西、浙江、江苏、安徽、河南14个省区,几乎形成了与我国近代茶区相近的局面①。

4.宋朝:茶业发展重心由东向南移

宋朝初年,全国气候由暖转寒,加速了中国南部茶业的发展,并使得南部茶区的发展逐渐超越长江中下游茶区,成为茶业发展的新重心,主要表现在贡茶由顾渚紫笋茶改为福建建安茶。同时,原本在唐朝时尚未形成显著气候的闽南和岭南地区的茶业也开始迅速活跃和发展。宋朝茶业发展重心南移的主要原因是气候的变化,早春时,长江流域的气温较低,茶树发芽延后,无法确保清明时节前将茶叶送到都城,如欧阳修所说:"建安三千里,京师三月尝新茶。"建安茶作为贡茶,其采制必然追求极致,其名声也随之日益显赫。福建建安成为中国团茶、饼茶制作技术的主要中心,带动了闽南、岭南茶区的兴起和发展。由此可见,到了宋朝,茶已传播到全国各地。

宋朝茶区基本上已与现代茶区范围相当,明清以后,茶区划分基本稳定,茶业的发展主要体现在茶叶制法和各茶类的兴衰演变上②。

(二)茶向国外的传播

当今世界广泛流传的种茶、制茶和饮茶习俗,都是由中国向外传播出去的。据推测,中国茶叶传播到国外,已有两千多年的历史,具体传播历程如图1-1-5所示。

图1-1-5　中国茶向国外传播的历程

大约在5世纪南北朝时期,中国的茶叶就开始陆续输出至东南亚国家及亚洲其他地区。

805—806年,日本最澄、空海禅师来中国留学,归国时携带中国茶种试种。宋朝时期,荣西禅师从中国引入茶种进行种植。日本继承中国古代蒸青原理,制作出的碧绿溢翠的茶叶,别具风味。

10世纪时,蒙古族商队从事贸易时,将中国砖茶经西伯利亚带到中亚。

①中华茶文化:以茶可行道 以茶可雅志[N].中国特产报,2009-04-03(4).
②黄玉梅.茶文化的传播与饮茶礼仪[J].农业考古,2008(5).

15世纪初,葡萄牙商船来到中国通商,开始出现面向西方的茶叶贸易。荷兰人约在1610年将茶叶带至西欧,至1650年后传至东欧,再传至俄国、法国等国家,17世纪时传至美洲。

1684年,印度尼西亚开始引入中国茶种试种,随后又引入日本茶种及阿萨姆种试种,其间历经坎坷,直至19世纪后叶开始有明显成效。第二次世界大战后,印度尼西亚加速了茶业的恢复与发展,并在国际市场上占据一席之地。

18世纪初,英国逐渐流行品饮红茶,这被视为一种高雅的行为,茶叶成为英国上层社会人士用于相互馈赠的一种高级礼品。

1780年,印度英属东印度公司将中国茶种传入印度种植,至19世纪后叶已是“印度茶之名,充噪于世”。现在的印度是全球茶叶生产大国、出口大国、消费大国。

从17世纪开始,斯里兰卡从中国引入茶种试种,1824年以后又多次引入中国茶种、印度茶种扩种。斯里兰卡所产红茶质量优异,是全球茶叶创汇大国。

1880年,从中国出口至英国的茶叶多达145万担,占中国茶叶出口总量的60%—70%。

1833年,俄罗斯从中国引入茶种试种。1848年,俄罗斯又从中国引入茶种种植于黑海岸。1893年,俄罗斯聘请中国茶师刘峻周和一批技术工人赴格鲁吉亚传授种茶、制茶技术。

1888年,土耳其从日本引入茶种试种。1937年,土耳其又从格鲁吉亚引入茶种进行种植。

1903年,肯尼亚首次从印度引入茶种,于1920年进入商业性开发种茶,于1963年开始规模经营。

1924年,南美的阿根廷从中国引入茶种种植于北部地区,并相继扩种。之后,旅居于此的日本侨民与苏联侨民也开始辟建茶园。20世纪50年代以后,阿根廷的茶园面积和茶叶产量不断扩大,成为南美主要的茶叶生产国、出口国。

20世纪20年代,几内亚开始试种茶。1962年中国派遣专家赴几内亚考察和种茶,并帮助其设计与建设规模为100公顷的玛桑达茶场及相应的机械化制茶厂。

1958年,巴基斯坦开始试种茶,但未形成生产规模。1982年,中国派遣种茶专家赴巴基斯坦进行合作。

20世纪50年代,阿富汗试种茶。1968年,应阿富汗政府邀请,中国派遣专家帮助其种植中国群体品种,成活率在90%以上。

1962年,中国派遣茶专家赴位于撒哈拉沙漠边缘的马里共和国,通过艰辛的引种实验,取得了成功。1965年,应该国总统的请求,中国政府分批派遣了茶农场专家帮助考察设计与建设附有自流灌溉设施的锡加索茶农场,以及经过热源改革的具有国际水平的年产100吨的绿茶厂。此项目被当时的农业部(现农业农村部)认定为我国援助亚、非、拉及南太平洋地区的一百多个农业工程项目中较为成功的三个项目之一。

20世纪60年代,玻利维亚从秘鲁引进茶种试种。70年代,中国台湾农业技术团赴玻利维亚考察设计与投资,开始规模种植茶园。1987年,应玻利维亚政府请求,中国派遣茶专家赴玻利维亚,帮助建设200公顷的茶场及相应的机械化制茶厂。

1983年,中国向朝鲜提供茶种试种,并在黄海南道临近的西海岸的登岩里成功种植。位于朝鲜半岛南部的韩国,其种茶起源可以追溯到9世纪20年代,如今其茶叶生产已初具规模。

中国茶叶已行销全球五大洲上百个国家和地区,根据2023年的相关统计数据,世界上有50多个国家引种了中国的茶种,有160多个国家和地区的人们有饮茶习俗,饮茶人口为20多亿。中国近年来的茶叶年产量不断提高,2019年达280万吨,其中1/3以上用于出口。

茶叶的发祥地位于中国的西南地区,但茶叶是通过广东和福建这两个城市传播到世界各地的。当时,广东一带的人把茶读为"chá";而福建一带的人把茶读为"té"。广东的"chá"读法经陆地传到东欧;而福建的"té"读法经海路传到西欧[1]。

他山之石

《茶经·一之源》[2]

唐·陆羽

茶者,南方之嘉木也,一尺、二尺乃至数十尺。其巴山峡川,有两人合抱者,伐而掇之。

其树如瓜芦,叶如栀子,花如白蔷薇,实如栟榈,蒂如丁香,根如胡桃。

其字,或从草,或从木,或草木并。其名,一曰茶,二曰槚,三曰蔎,四曰茗,五曰荈。

其地,上者生烂石,中者生砾壤,下者生黄土。凡艺而不实,植而罕茂。法如种瓜,三岁可采。野者上,园者次;阳崖阴林,紫者上,绿者次;笋者上,牙者次;叶卷上,叶舒次。阴山坡谷者,不堪采掇,性凝滞,结瘕疾。

茶之为用,味至寒,为饮,最宜精行俭德之人。若热渴、凝闷、脑疼、目涩、四支烦、百节不舒,聊四五啜,与醍醐、甘露抗衡也。采不时,造不精,杂以卉莽,饮之成疾。

茶为累也,亦犹人参,上者生上党,中者生百济、新罗,下者生高丽。有生泽州、易州、幽州、檀州者,为药无效,况非此者!设服荠苨,使六疾不瘳。知人参为累,则茶累尽矣。

素养提升

中国饮茶起源说

关于中国饮茶的起源,众说纷纭,有人认为起源于上古,有人认为起源于

---

①孔宪乐.茶对外传播与国际技术合作的发展[J].中国茶叶加工,2001(3).
②节选自《茶经》(张琦、祁毅译注,崇文书局,2023年)。

《茶经·一之源》译文

Note

周,而起源于秦汉、三国、南北朝、唐朝的说法也不少。

在中国的文化发展史上,似乎一切与农业、与植物相关的事物的起源大都可以追溯到上古时期。而中国饮茶起源于上古时期的说法,也衍生出了与神农有关的不同版本的民间传说。有人认为神农在野外以釜锅煮水时,刚好有几片叶子飘入锅中,煮好的水,其色微黄,喝入口中生津止渴、提神醒脑。神农依据自身经验,判断它是一种药,进而发现了茶。这是最普遍的关于中国饮茶起源的说法。

中国饮茶起源于唐朝的主要依据是,在唐朝以前无"茶"字,而只有关于"茶"字的记载,直至唐朝,陆羽在其著作《茶经》中,始将"茶"字减一画,写成"茶"。

（资料来源：http://cd.wenming.cn/lyxx/201108/t20110824_94115.shtml。）

润物无声:
文化自信;
多元化思
维;民族
精神

茶余课后

将学生分编为 A 组和 B 组,每组派出五名代表,其余学生作为替补。每名学生扮演十大名茶中的一种,如西湖龙井、君山银针、黄山毛峰、信阳毛尖等,进行"茶叶蹲"游戏。由 A 组学生先开始,学生边做蹲起动作,边念出游戏词,如"西湖龙井蹲,西湖龙井蹲,西湖龙井蹲完君山银针蹲""君山银针蹲,君山银针蹲,君山银针蹲完黄山毛峰蹲"等,依次进行。蹲错或出现口误的学生会被淘汰,由本组替补学生上场,被淘汰的学生将作为评委对游戏进行挑错。坚持到游戏最后的学生成为此次游戏的冠军,将得到教师赠送的"茶艺小达人"精美徽章,其所在小组的其他同学将获得教师赠送的茶叶。

评价标准

教学评价	评价标准	标准分值	个人评价（10%）	小组评价（30%）	校内外教师评价（60%）	得分合计
课堂纪律（30%）	出勤率	15分				
	课堂纪律	15分				
项目评价（50%）	自主学习能力	5分				
	操作能力	35分				
	处理特殊情况的能力	5分				
	对客服务意识	5分				
团队协作能力（20%）	参与团队任务的积极程度	10分				
	小组分工配合程度	10分				

Note

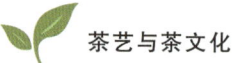

任务二　饮茶的历史与发展演变

🍵 任务目标

通过学习茶文化的形成与发展，了解茶在不同时期的功能和用途。了解在我国中古时期，茶在饮食、药用方面的作用，以及茶文化对各个时期社会礼法、政治、宗教所产生的影响，加深对我国饮茶文化的理解。

🍵 任务描述

茶是"开门七件事"（柴、米、油、盐、酱、醋、茶）之一，饮茶在中国古代是非常普遍的。中国茶文化源远流长、博大精深，不仅体现在物质文化层面，还体现在深厚的精神文化层面。

唐朝"茶圣"陆羽的《茶经》在历史上吹响了发扬中国茶文化的号角。《茶经》系统地总结了唐朝及以前的茶叶生产、饮用的经验，提出了"精、行、俭、德"的茶道精神。自此，茶道精神逐渐渗透全社会，广泛地影响了中国的诗词、绘画、书法、宗教、医学。几千年来，中国积累了大量关于茶树种植、茶叶生产的物质文化，同时也孕育了丰富的有关茶的精神文化，这是中国特有的茶文化，属于文化学范畴。

🍵 任务分析

从广义上讲，茶文化分为茶的自然科学和茶的人文科学两方面。茶文化既是人类社会历史实践过程中所创造的与茶有关的物质财富和精神财富的总和，也是人们在从事茶树种植，茶叶加工、营销、品饮等过程中所创造的所有物质文化和精神文化的总和。从狭义上讲，茶文化偏重茶的人文科学方面，主要指茶道精神及其社会影响。

🍵 任务准备

查阅与饮茶的历史及发展演变相关的资料。

🍵 任务实施

茶文化的发展进程可以分为以下几个阶段。

一、三国时期以前——茶文化的启蒙阶段

在我国三国时期以前，茶主要作为药材、饮品等为人们所用。随着茶叶（见

图1-2-1)在日常生活中的普及,茶以物质形式出现,渗透人文科学的多个领域,从而形成独特的茶文化。三国时期以前,可以称为茶文化的启蒙阶段。

图1-2-1　茶叶

二、晋朝、南北朝——茶文化的萌芽阶段

魏晋南北朝时期,饮茶的风俗传播到长江中下游,茶叶作为饮品用于宴会、祭祀等。

魏晋南北朝是我国饮茶史上的一个重要阶段,是茶文化逐步形成的时期,并产生了一定的社会作用。

三、唐朝——茶文化的形成阶段

在我国的饮茶史上,向来有"茶兴于唐,盛于宋"之说。唐朝饮茶风气盛行,上至王公贵族,下至士农工商,都加入饮茶之列。图1-2-2为唐朝市井饮茶群像。社会鼎盛发展使得唐朝饮茶风气盛行,这一时期产生了茶税及贡茶。

图1-2-2　唐朝市井饮茶群像[①]

①图片来源：https://baijiahao.baidu.com/s?id=16718873026276661101&wfr=spider&for=pc。

　　唐朝陆羽的《茶经》(见图1-2-3)的出现是唐朝茶文化形成的重要标志。《茶经》在当时是最为完备的也是世界上第一部综合性茶学著作,对中国茶叶的生产和饮茶风气的传播都起了很大的推动作用,陆羽也因此被后人称为"茶圣""茶神"。

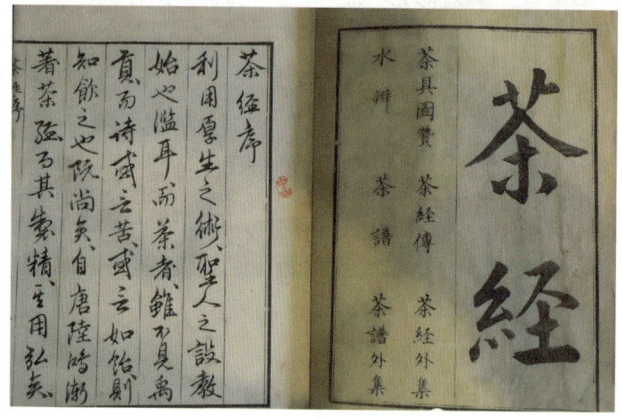

图1-2-3　《茶经》[①]

　　唐朝与茶相关的文学作品十分丰富,张萱的《烹茶仕女图》、阎立本的《萧翼赚兰亭图》(见图1-2-4)以及周昉的《调琴啜茗图》(见图1-2-5)均是该时期的代表作品。

图1-2-4　《萧翼赚兰亭图》

图1-2-5　《调琴啜茗图》

---

①图片来源:https://baijiahao.baidu.com/s?id=1733327691559732207&wfr=spider&for=pc。

四、宋朝——茶文化的兴盛阶段

宋朝是中国历史上茶文化大发展的一个重要时期。宋朝形成了各种专业品茶社团,如由官员组成的"汤社"、由佛教徒组成"千人社"等,茶艺馆发展极为繁荣,在社会底层也展现出旺盛的活力。此外,与茶相关的文化艺术亦成就突出,琴、棋、书、画等传统艺术与茶事相融合,代表性的茶事活动如斗茶等盛行。

┃ 他山之石 ┃

茶墨结缘传美谈

有一天,苏东坡、司马光等一批文人墨客以"斗茶"取乐,最后苏东坡以白茶取胜,喜于言表。当时茶汤尚白,司马光便有意难为他,笑着说:"茶与墨,二者正相反。茶欲白,墨欲黑;茶欲重,墨欲轻;茶欲新,墨欲陈。如君子小人不同。君何以同时爱此二物?"苏东坡想了想,从容回答说:"奇茶妙墨俱香,是其德同也;皆坚,是其操一也。譬如贤人君子,黔皙美恶之不同,其德操一也。公以为然否?"

司马光问得妙,苏东坡答得巧,众皆称善。此事传为千古美谈。

（资料来源:https://www.jianshu.com/p/5f2cf548b40e。）

五、明清时期——茶文化的普及阶段

明朝茶文化发展历史上的一个转折点是"废团改散"。明太祖朱元璋于洪武二十四年(1391年)下诏,要求向皇宫进贡芽叶形的蒸青散茶("罢造龙团,唯采茶芽以进"),并明确了进贡的四个品种分别为探春、先春、次春和紫笋。皇室倡导饮用散茶,民间自然蔚然成风。"废团改散"是中国饮茶方法上的一次革新。

在明清时期,中国茶文化主流经历了从文士茶向民间茶的转变,这一时期工夫茶艺得到了完善。文士茶受明朝,尤其是晚明时期文士避世、出世倾向的影响,发展逐渐萎靡,其影响力逐步减弱,转变了千百年来由文士领导茶文化发展潮流的历史局面。然而,中国茶文化的发展势头并未因此停滞,茶文化精神开始向民间渗透,深入普通百姓的日常生活,与社会道德伦常、礼仪结合起来,逐渐成为普遍的民族习俗。此外,清朝统治者,特别是康熙、乾隆等对茶的热爱,使得整个上层社会饮茶风尚极盛,这种风习也迅速影响了民间。茶艺馆在各地蓬勃发展,茶礼和茶俗也变得更为成熟,在祭祀拜祖、居家待客等场合,茶成为重要礼仪元素。此外,明清时期的茶著、茶画也极为丰富。

他山之石

《茶经·二之具》①

唐·陆羽

籝，一曰篮，一曰笼，一曰筥，以竹织之，受五升，或一斗、二斗、三斗者，茶人负以采茶也。

灶，无用突者。釜，用唇口者。

甑，或木或瓦，匪腰而泥。篮以箅之，篾以系之。始其蒸也，入乎箅；既其熟也，出乎箅。釜涸，注于甑中。又以榖木枝三亚者制之，散所蒸牙笋并叶，畏流其膏。

杵臼，一曰碓，惟恒用者佳。

规，一曰模，一曰棬，以铁制之。或圆，或方，或花。

承，一曰台，一曰砧，以石为之。不然，以槐、桑木半埋地中，遣无所摇动。

檐，一曰衣，以油绢或雨衫、单服败者为之。以檐置承上，又以规置檐上，以造茶也。茶成，举而易之。

芘莉，一曰籯子，一曰筹筤。以二小竹，长三尺，躯二尺五寸，柄五寸。以篾织方眼，如圃人土罗，阔二尺以列茶也。

棨，一曰锥刀。柄以坚木为之，用穿茶也。

扑，一曰鞭。以竹为之，穿茶以解茶也。

焙，凿地深二尺，阔二尺五寸，长一丈。上作短墙，高二尺，泥之。

贯，削竹为之，长二尺五寸，以贯茶焙之。

棚，一曰栈。以木构于焙上，编木两层，高一尺，以焙茶也。茶之半干，升下棚；全干，升上棚。

穿，江东、淮南剖竹为之，巴川峡山纫榖皮为之。江东以一斤为上穿，半斤为中穿，四两五两为小穿。峡中以一百二十斤为上穿，八十斤为中穿，五十斤为小穿。穿字旧作钗钏之钏字，或作贯串。今则不然，如磨、扇、弹、钻、缝五字，文以平声书之，义以去声呼之，其字以穿名之。

育，以木制之，以竹编之，以纸糊之。中有隔，上有覆，下有床，傍有门，掩一扇。中置一器，贮塘煨火，令煴煴然。江南梅雨时，焚之以火。

素养提升

中国古代向国外传播茶文化的方式

中国古代向国外传播茶文化的方式分为间接传播和直接传播两类。

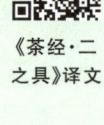
《茶经·二之具》译文

①节选自《茶经》（张琦、祁毅译注，崇文书局，2023年）。

1.间接传播

（1）通过来华学佛的僧侣和遣唐使,将茶种带往国外,如805年日本高僧最澄从天台山将茶种引种到日本。

（2）通过古商路,以经贸的方式将茶传到国外,如唐朝时,京城长安与回鹘民族进行茶马交易。

（3）通过派出的使节,将茶作为贵重礼品馈赠给出使国。

2.直接传播

直接传播茶文化的方式是指以专家身份应邀前往国外传播茶树的种植技术和茶叶的生产技术,如清末时,宁波茶厂厂长刘峻周带技工前往格鲁吉亚种茶。

中国茶及茶文化的传播经历了由原产地向全国范围的扩展并逐步向外传播,最终走向世界的过程。

（资料来源:https://mp.weixin.qq.com/s?__biz=MzIwNTE1MTg5Ng==&mid=2658210729&idx=1&sn=f8ef18532e79db98d1cd647f4bee3697&chksm=8cb0f85ebbc77148984c74ed2ffe9b62f30b70d8cd124b4ed68e6bd9934a2bc4a1d5039724878&scene=27。）

润物无声:
文化传承;
民族瑰宝;
大国复兴;
产业报国

茶余课后

教师准备六款茶叶,并将学生分为两个小组。教师冲泡第一款茶叶,并为每位学生倒一杯,让两个小组的学生猜一猜刚刚喝过的茶属于哪一类茶,比一比哪一组最先猜对,最先猜对的小组记一分。之后教师依次为学生冲泡其余五款茶叶,让每位学生品尝并做出猜想,将得分累计,算出哪一组获胜。获胜的小组将获得教师赠送的茶叶礼包;对于另一组学生,教师可以赠送某一款茶叶作为鼓励。

教师可以根据教学环节的不同,选择不同风格的音乐运用于教学中,使学生能够快速融入不同氛围的学习活动。同时,教师通过游戏的方式,能将学生带入情景,起到巩固当堂所学课程内容的作用。

评价标准

教学评价	评价标准	标准分值	个人评价（10%）	小组评价（30%）	校内外教师评价（60%）	得分合计
课堂纪律（30%）	出勤率	15分				
	课堂纪律	15分				
项目评价（50%）	自主学习能力	5分				
	操作能力	35分				

Note

续表

教学评价	评价标准	标准分值	个人评价（10%）	小组评价（30%）	校内外教师评价（60%）	得分合计
项目评价（50%）	处理特殊情况的能力	5分				
	对客服务意识	5分				
团队协作能力（20%）	参与团队任务的积极程度	10分				
	小组分工配合程度	10分				

任务三　茶道概述

任务目标

通过本任务的学习，了解茶道的概念、构成要素的特点，中国茶道的历史，中国传统茶道的表现形式等相关知识，加深对茶艺精神核心的理解，以及对茶艺的感性认识。

任务描述

中国人向来喜欢将饮茶与人生处世哲学相结合，中国儒、释、道三教也对饮茶活动产生了一定影响，从而升华了茶道、茶礼、茶艺等的相关文化的内涵，这些也是中国茶文化的核心部分。

任务分析

中国茶文化的关键不在于茶的物质层面，而在于其深层文化内涵。但茶文化又不是完全脱离于物质的文化，而是与物质相生相依的。茶文化既包含相关行为表现，也是一种心态文化，其精神层面的相关内容极为重要。

任务准备

查阅与茶道的历史有关的资料。

任务实施

一、茶道的概念

茶道是一种通过品茶来体悟生活哲学的深层次追求。茶道涵盖了茶人在饮茶过

教学视频
▼

茶道概述

Note 🍵

程中对"道"的理解和感悟,体现了茶事活动的精神内核。茶艺是茶道的载体,是泡茶、品茶的技艺,是感悟、践行茶道的途径。因此,茶艺与茶道密不可分,茶艺的相关实践是为了更好地理解和体现茶道的内涵。

二、中国茶道的历史

"茶道"一词最早出现在唐朝的诗文中。唐朝诗僧皎然的《饮茶歌诮崔石使君》中有"孰知茶道全尔真,唯有丹丘得如此",这里所说的"茶道",是饮茶之道与饮茶悟道的统一。

宋朝继承并发展了唐朝的饮茶之风,茶的种类与品饮形式变得更加多样,茶道在这个时期得到普及。北宋时期,唐朝的以品为主的煎茶发展成为斗茶,步入具有更高艺术性的品茶阶段。

元朝开始采用蒸煮鲜叶的方式,将整片叶子制成散茶,这种茶被称为"蒸青散茶"。

到了明朝,绿茶的制作技术得到了进一步的发展,出现了与现代相似的炒青制法。

及至清朝,乡村市肆茶艺馆林立,饮茶之风盛行,许多名茶应时而生,流行于官场士大夫和文人间。

三、茶道的构成要素

（一）环境

茶道环境有三类:其一是自然环境;其二是人造环境;其三是特设环境。

（二）礼法

茶事活动需遵照一定的礼法进行,礼即礼貌、礼节、礼仪,法即规范、法则。礼是约定俗成的行为规范,是表示友好和尊重的仪容、仪态、语言、动作,如图1-3-1所示。

茶道礼法包括主人与客人、客人与客人之间的礼仪、礼节。

图1-3-1　茶道礼法

（三）茶艺

茶艺（见图1-3-2）即饮茶艺术，包含备器、择水、取火、候汤、习茶五大环节。

图1-3-2　茶艺

茶艺是茶道的基础和载体，是茶道的必要条件，茶道依存于茶艺。

（四）修行

修行既是茶道的根本，也是茶道的宗旨。饮茶者通过茶事活动陶冶情操、修心悟道。茶道的理想是养生、怡情、修性、证道。

四、茶道的特点

（1）茶道是中国人的艺术创造，是东方茶文化的瑰宝。

（2）茶道是一种文化艺能，是茶艺与文化的完美结合，是修养与教化的手段。

（3）茶艺，有名，有形，是茶文化的外在表现形式；茶道，是精神、道理、规律、本源与本质，是看不见、摸不着的，但可以通过心灵去体会。

五、中国传统茶道的三种表现形式

（一）煎茶

煎茶法是一种烹煎茶的方法，在陆羽的《茶经》中有相关记载。煎茶是指把茶末投入壶中，与水一块煎煮。煎茶时主要采用饼茶，将饼茶进行炙烤，待其冷却后将其碾成末。煮水时，初沸调盐，二沸投末，并加以环搅，三沸则止。分茶时，前三碗茶最适宜饮用。饮茶趁热，及时洁器。唐朝的煎茶（见图1-3-3）是最早的茶艺形式。

图 1-3-3 唐朝煎茶图①

（二）斗茶

斗茶（见图1-3-4），即以比赛的形式品评茶的优劣，又名"斗茗""茗战"。斗茶始于唐朝，盛于宋朝，是古代"有钱又有闲"之人的一种雅玩形式，具有强烈的胜负色彩，富有趣味性和挑战性。

斗茶者取出珍藏好茶，轮流进行烹煮，通过细致品鉴分高下。在古代，茶叶通常先压制成茶饼，再碾磨为粉末，饮用时，会将茶粉和茶水一同喝下。斗茶的形式多样，可以是多人共斗或两人捉对"厮杀"，"三斗两胜"者赢。只有做到色、香、味三者俱佳，才能在斗茶中获得最终胜利。

（三）工夫茶

工夫茶（见图1-3-5）主要盛行于闽广地区。这是一种由唐朝陆羽《茶经》中的相关描述演变

图 1-3-4 宋朝刘松年的《斗茶图》②

而来的饮茶法：饮茶时，首先将泉水倒入茶铛，将茶铛放在烘炉上煮水；当水初沸时，将工夫茶投入宜兴壶，用热水冲之，盖上壶盖，再用热水浇壶身，最后将壶内茶水倒出品饮。工夫茶的特色便是用水淋壶身，这样做的目的是发茶性。发展到后来，还会采用温润泡，内外双重引发茶性。品饮工夫茶包含自煎自品和待客两种场景，在待客时，工夫茶的品饮工夫尤为讲究。

①图片来源：http://www.qdgyl.com/qyfc/3580.html。
②图片来源：https://mp.pdnews.cn/Pc/ArtInfoApi/article?id=21281594。

图 1-3-5　工夫茶

他山之石

《茶经·三之造》①

唐·陆羽

凡采茶在二月、三月、四月之间。

茶之笋者,生烂石沃土,长四五寸,若薇蕨始抽,凌露采焉。茶之牙者,发于丛薄之上,有三枝、四枝、五枝者,选其中枝颖拔者采焉。其日有雨不采,晴有云不采。晴,采之,蒸之,捣之,拍之,焙之,穿之,封之,茶之干矣。

茶有千万状,卤莽而言,如胡人靴者,蹙缩然;犎牛臆者,廉襜然;浮云出山者,轮囷然;轻飙拂水者,涵澹然。有如陶家之子,罗膏土以水澄泚之。有如新治地者,遇暴雨流潦之所经。此皆茶之精腴。有如竹箨者,枝干坚实,艰于蒸捣,故其形籭簁然。有如霜荷者,茎叶凋沮,易其状貌,故厥状委萃然。此皆茶之瘠老者也。

自采至于封七经目。自胡靴至于霜荷八等。或以光黑平正言嘉者,斯鉴之下也;以皱黄坳垤言佳者,鉴之次也。若皆言嘉及皆言不嘉者,鉴之上也。何者?出膏者光,含膏者皱;宿制者则黑,日成者则黄;蒸压则平正,纵之则坳垤。此茶与草木叶一也。茶之否臧,存于口诀。

素养提升

"万里茶道"

"万里茶道"是指以茶叶为主要贸易商品,存续于17世纪至20世纪前期的一条横跨亚欧大陆的国际商路。该线路南起中国南方的山地产茶区,经水

①节选自《茶经》(张琦、祁毅译注,崇文书局,2023年)。

《茶经·三之造》译文

陆交替运输北上,经汉口、张家口集散转运,过库伦后一直延伸至古代中俄边境茶叶通商口岸城市恰克图完成交易,而后辗转销往西伯利亚、莫斯科、圣彼得堡和欧洲,干线总长14000余千米,沟通了亚洲大陆南北方向农耕文明与草原游牧文明的核心区域,并延伸至中亚和东欧等地区。

2019年3月日,国家文物局发函,正式同意将"万里茶道"列入《中国世界文化遗产预备名单》。

(资料来源:https://baijiahao.baidu.com/s?id=16690304890723710088&wfr=spider&.for=pc。)

润物无声:
文化传承;
文化自信;
世界文化;
民族复兴

茶余课后

请以小组为单位,查阅相关资料,结合收集的信息谈谈对中国茶道内涵的理解。

评价标准

教学评价	评价标准	标准分值	个人评价(10%)	小组评价(30%)	校内外教师评价(60%)	得分合计
课堂纪律(30%)	出勤率	15分				
	课堂纪律	15分				
项目评价(50%)	自主学习能力	5分				
	操作能力	35分				
	处理特殊情况的能力	5分				
	对客服务意识	5分				
团队协作能力(20%)	参与团队任务的积极程度	10分				
	小组分工配合程度	10分				

任务四　茶文化的国际化

任务目标

通过本任务的学习,了解中国茶文化是如何走向世界舞台的,增强文化自信和民族自豪感。

Note

🍵 任务描述

2020年5月21日是联合国确定的首个"国际茶日"。国家主席习近平向"国际茶日"系列活动致信表示热烈祝贺。习近平指出,茶起源于中国,盛行于世界。联合国设立"国际茶日",体现了国际社会对茶叶价值的认可与重视,对振兴茶产业、弘扬茶文化很有意义。作为茶叶生产和消费大国,中国愿同各方一道,推动全球茶产业持续健康发展,深化茶文化交融互鉴,让更多的人知茶、爱茶,共品茶香茶韵,共享美好生活。

🍵 任务分析

中国茶文化源远流长,是中华传统文化重要组成部分,已根植于国人的日常生活。人们在品茗的过程中,不仅能够领悟到茶道所蕴含的人生智慧和哲学思考,更能通过泡茶、饮茶的行为,体会宁静、雅致、充满智慧的生活方式。品茶是一种社交艺术,是情感交流的桥梁,蕴含着丰富的文化意义和社会价值。

🍵 任务准备

查阅与茶文化国际化相关的资料。

🍵 任务实施

中国茶文化融合了儒家思想、道家伦理以及中医药文化的养生智慧等,体现了中国人遵从天时、注重养德、归于修心的哲学思想。这种追求与人们对和谐、稳定、幸福

图1-4-1　韩国茶礼①

生活的向往不谋而合,体现了人内心深处的精神需求。中国茶与茶文化在国际化的过程中,与世界各地的社会文化相融合,孕育出多样化的茶文化形态,如韩国的茶礼(见图1-4-1)、日本的茶道(见图1-4-2)、英国的下午茶(见图1-4-3),以及摩洛哥等阿拉伯国家的饮茶方式,都是中国茶文化在不同民族和地域中的创新发展。各国茶文化丰富了当地人们的物质生活,也增添了其精神文化的多样性。2006年,英国广播公司就"英国的国家象征"进行票选,结果显示,"茶"以35.03％的得票率在12个选项中脱颖而出,位居榜首。这一现象表明,茶与茶文化不仅是古今丝绸之路上极为重要的商贸物资和文化力量载体,还是很多"一带一路"共建国家的重要文化象征。

①图片来源:https://baijiahao.baidu.com/s?id=1695552408395323007&wfr=spider&for=pc。

(a)   (b)

图 1-4-2　日本茶道

(a)   (b)

图 1-4-3　英国下午茶

1610年,荷兰商人首次将中国茶叶通过海上渠道引入欧洲,开启了中国与欧洲之间的海上茶叶贸易。中国茶叶,通过茶马古道和海上丝绸之路这两条古老的商贸通道走向世界各地,成为中国与世界各国交流、合作的纽带。

一、茶的陆路传播

1.向中亚、西亚的传播

中国茶最初从陆路向与中国接壤的邻国传播。早在西汉时期,张骞两次出使西域,开通丝绸之路,直至唐朝,都城长安成为中国对外经济和文化交流的中心。

2.向欧洲的传播

随着古代丝绸之路的逐渐衰落,中国开辟了另一条陆路国际商路,此商路以山西、河北为枢纽,经长城,过蒙古国,穿越俄罗斯的西伯利亚,直达欧洲腹地。

3.向俄国的传播

中国公使曾携茶种赴俄国,向俄国馈赠茶叶。俄国从中国湖北羊楼洞引进茶籽、茶苗。1893年,俄国聘请中国的刘峻周等10位茶工赴俄国进行技术指导,发展俄国的茶业。为了缅怀这位中国茶的传播者,巴统诺贝尔兄弟科技博物馆的第二层以丰富的图片和实物展示了刘峻周在巴统种茶、制茶的历史。

Note

4. 向南亚的传播

缅甸、柬埔寨、越南等东南亚国家与中国地理相邻,通过陆路,中国茶文化广泛传播至这些国家,因此这些国家的种茶历史较为悠久。

5. 古代丝绸之路

作为古代丝绸之路的核心交易物,中国茶使得海上丝绸之路茶香飘逸。古代丝绸之路是一条从东到西贯通欧亚大陆的交通大通道,构筑起了连接东西方的万里茶道。中国人将茶叶带向世界各国的历史已有两千多年。中国茶叶与丝绸、陶瓷等其他中国物产一起,跨越了地域的界限,作为中国文化的象征传播至全世界。

中国历史上有四条与世界不同人民往来的通道,分别是以西安为起点的西北丝绸之路、以中国沿海城市为主要枢纽的海上丝绸之路、由西南边陲经印度半岛的茶马古道、以中国福建武夷山为起点的万里茶道。

茶与中国人的日常生活紧密相连,自唐朝开始,茶可以称得上是中国的"国饮",几乎同一时期,中国茶作为中华文化的重要组成部分被传播至亚洲其他国家,如日本等。在之后的大航海时代,欧洲商船往返中国与西方大陆,茶叶被输入西方,中国茶的影响力进一步扩大。最初到达亚洲的葡萄牙人和西班牙人在与中国人的交往过程中了解了中国茶,但是并未将茶叶等同于陶瓷、丝绸、香料,作为大宗贸易品与交易物。尽管荷兰人到达东方的时间比葡萄牙人整整迟了一个世纪,但首先将茶叶输入欧洲的是荷兰人。随着大量欧洲人移民北美,欧洲人的饮茶文化也被带到美洲。我国生产的茶叶及茶叶的生产、加工技术更加迅速地传播至全世界,2023年的相关统计数据显示,世界上已有60多个国家实现人工种茶,年产茶量达40多亿千克,饮茶习惯普及至160多个国家和地区的人民,茶叶成为惠及40多亿人口的大众化健康饮品。

6. "万里茶道"——横跨亚欧大陆的"中俄茶叶之路"

"万里茶道"作为横跨亚欧大陆的"中俄茶叶之路",南起福建武夷山,是继丝绸之路之后又一条国际商路。虽然"万里茶道"的开辟时间较丝绸之路晚了千余年,但其巨大的商品负载量和经济上的重要性,是丝绸之路无法比拟的。17世纪,这条连接中国与俄罗斯的商路,因其在促进两国商贸往来和友谊中的重要作用,被誉为"世纪动脉"。在俄罗斯,人们更是赞颂"万里茶道"为"伟大的中俄茶叶之路"。

"万里茶道"的主要商路有两条:一条从湖北汉口出发,经汉水运至湖北襄阳、河南唐河、河南社旗、河南洛阳,上岸后由骡马驮运北上,至河北张家口;或从山西右玉的杀虎口进入内蒙古的归化(今呼和浩特),再分销至蒙古国、俄国等。另一条先从湖北汉口顺长江而下至上海,转运天津,再从陆路运至恰克图,转输西伯利亚。京汉铁路通车后,湖北汉口的茶叶输出又增加了一条较为便捷的途径,即先通过铁路运至华北,再由驼队输往蒙古国和西伯利亚,由此形成了一条从南到北、经西伯利亚直达欧洲腹地的国际性茶叶商路。

7. 茶马古道

茶马古道,这条历史悠久的商贸通道,自唐宋时期延续至民国时期,是汉族和藏族人民之间因茶叶与马匹交换而形成的交通要道。茶马古道以川藏道、滇藏道和青藏道（甘青道）三条主要干线为核心，辅以众多支线和附线，构成了覆盖面较为广泛的交通体系，横跨我国陕西、甘肃、贵州、四川、云南、青海、西藏等省区，并向外延伸至南亚、西亚、中亚以及东南亚各国。其中，川藏道以如今的四川雅安一带产茶区为起点，首先进入康定，自康定起，川藏道又分成南、北两条支线：北线是从康定向北，经道孚、炉霍、甘孜、德格、江达、抵达昌都（今川藏公路的北线），再由昌都通往西藏地区；南线则是从康定向南，经雅江、理塘、巴塘、芒康、左贡至昌都（今川藏公路的南线），再由昌都通往西藏地区。滇藏道起于云南西部洱海一带产茶区，经丽江、中甸（今香格里拉）、德钦、芒康、察雅至昌都，由昌都通往西藏地区。

茶马古道是世界上最高、最险、最长的商贸通道，沿途气候及地理环境极度复杂多变。茶马古道蜿蜒穿越于滇、川、藏三个地区之间。茶马古道沿线的地势变化巨大，地质结构复杂多变，沿途穿越了无数的高山峡谷、急流险滩，加之气候的极端多变，这些自然条件共同塑造了茶马古道独一无二的地域特色。茶马古道的显著特征之一是高海拔，茶马古道沿线海拔基本为2000—5000米，几乎横穿了整个青藏高原，这也使其成为世界上最高的商贸通道。茶马古道的险峻体现在古道穿梭于连绵的山脉之间，跨越不同地域，大部分路段狭窄而险要，通常仅有约2尺[①]宽，甚至更窄。沿途的断崖绝壁和崎岖不平的山路，使得现代交通工具难以通行。

茶马古道的存在促进了茶文化的传播和沿途地区的经贸发展，推动了我国各民族之间的交往、交流、交融，茶马古道是推动民族和睦、维护边疆安全的团结之道。2013年，茶马古道被中华人民共和国国务院列入第七批全国重点文物保护单位。

二、茶的海路传播

1. 向日本的传播

唐永贞元年（805年），日本高僧最澄和弟子义真来到中国天台山国清寺学佛，回国时，带走茶种，种于日本近江的台麓山，这里因此成为日本最古老的茶园。如今，该遗址尚存，并立碑为记。

2. 向欧洲的传播

17世纪初，荷兰东印度公司开始大规模地将中国的茶叶贩运至欧洲各国。随着饮茶风尚在欧洲的盛行，1757年，普鲁士国王特意在波茨坦北郊的无忧宫园林内修筑了一座具有中式风格的茶亭，并将其命名为"中国茶艺馆"，后被毁。1993年，为保护历史文物，德国政府投入200万马克修复"中国茶艺馆"。

3. 海上丝绸之路

英国在茶叶贸易史上占据着举足轻重的地位，对茶树种植技术的发展和推广极为关注。1780年，少量茶籽被英国东印度公司从广州经海路运到了加尔各答，陆军中校

---

① 1尺≈33.33厘米。

罗伯特·凯德将其中一部分种在了私人植物园中，这是印度首次种植茶树，标志着印度茶树种植历史的开端。马戛尔尼使团访华之时，英国东印度公司委托马戛尔尼关注中国的茶树种植，使团在返程中经过产茶区，马戛尔尼便"出资向乡人购其数株"，认为"果能栽培得法，地方官悉心提倡，则不出数十年，印度之茶叶必能著闻于世也"。马戛尔尼还携带了茶籽，其中一部分在加尔各答的植物园中成功发芽。

由于英国东印度公司长期垄断对华贸易，英国国内对此愈发不满。这种不满情绪最终促使英国议会在1834年取消了该公司的贸易特权，结束了其对华贸易的垄断地位。1834年，英国东印度公司开始大力支持茶树种植事业，成立了茶叶委员会，并相继派遣了G. J. 戈登和著名植物学家罗伯特·福琼前往中国开展相关工作。戈登和福琼不畏艰险，多次远渡重洋来到中国，深入了解茶区的分布情况，观察、学习了茶树的种植技术和茶叶的加工流程。他们通过搜集茶树和茶籽，以及招募经验丰富的中国茶工，将这些宝贵的知识和资源经由中国上海和香港带回了印度。英国人的不懈努力为印度制茶业的兴起奠定了基础，全球茶叶贸易的格局也随之发生了深刻的变化。

▎他山之石▎

《茶经·四之器》①

唐·陆羽

风炉，以铜、铁铸之，如古鼎形，厚三分，缘阔九分，令六分虚中，致其杇墁。凡三足，古文书二十一字。一足云："坎上巽下离于中。"一足云："体均五行去百疾。"一足云："圣唐灭胡明年铸。"其三足之间，设三窗。底一窗以为通飙漏烬之所。上并古文书六字，一窗之上书"伊公"二字，一窗之上书"羹陆"二字，一窗之上书"氏茶"二字，所谓"伊公羹，陆氏茶"也。置墆㙞于其内，设三格。其一格有翟焉，翟者，火禽也，画一卦曰离；其一格有彪焉，彪者，风兽也，画一卦曰巽；其一格有鱼焉，鱼者，水虫也，画一卦曰坎。巽主风，离主火，坎主水。风能兴火，火能熟水，故备其三卦焉。其饰，以连葩、垂蔓、曲水、方文之类。其炉，或锻铁为之，或运泥为之。其灰承，作三足铁柈台之。

筥，以竹织之，高一尺二寸，径阔七寸。或用藤作木楦，如筥形，织之六出圆眼。其底、盖若利箧口，铄之。

炭檛，以铁六棱制之，长一尺，锐一丰中，执细头，系一小铖，以饰檛也，若今之河陇军人木吾也。或作锤，或作斧，随其便也。

火䇲，一名筯，若常用者，圆直一尺三寸，顶平截，无葱台、勾锁之属，以铁或熟铜制之。

鍑，以生铁为之。今人有业冶者，所谓急铁。其铁以耕刀之趄，炼而铸之。内模土而外模沙。土滑于内，易其摩涤；沙涩于外，吸其炎焰。方其耳，

---

① 节选自《茶经》（张琦、祁毅译注，崇文书局，2023年）。

以正令也。广其缘，以务远也。长其脐，以守中也。脐长，则沸中；沸中，则末易扬；末易扬，则其味淳也。洪州以瓷为之，莱州以石为之。瓷与石皆雅器也，性非坚实，难可持久。用银为之，至洁，但涉于侈丽。雅则雅矣，洁亦洁矣，若用之恒，而卒归于银也。

交床，以十字交之，剜中令虚，以支镇也。

夹，以小青竹为之，长一尺二寸。令一寸有节，节巳上剖之，以炙茶也。彼竹之筱，津润于火，假其香洁以益茶味，恐非林谷间莫之致。或用精铁、熟铜之类，取其久也。

纸囊，以剡藤纸白厚者夹缝之。以贮所炙茶，使不泄其香也。

碾，以橘木为之，次以梨、桑、桐、柘为之。内圆而外方。内圆备于运行也，外方制其倾危也。内容堕而外无余木。堕，形如车轮，不辐而轴焉。长九寸，阔一寸七分。堕径三寸八分，中厚一寸，边厚半寸。轴中方而执圆。其拂末，以鸟羽制之。

罗合，以合盖贮之，以则置合中，用巨竹剖而屈之，以纱绢衣之。其合以竹节为之，或屈杉以漆之。高三寸，盖一寸，底二寸，口径四寸。

则，以海贝、蛎蛤之属，或以铜铁、竹匕、策之类。则者，量也，准也，度也。凡煮水一升，用末方寸匕。若好薄者，减之，嗜浓者，增之，故云则也。

水方，以椆木、槐、楸、梓等合之。其里并外缝漆之，受一斗。

漉水囊，若常用者，其格以生铜铸之，以备水湿，无有苔秽、腥涩意。以熟铜苔秽，铁腥涩也。林栖谷隐者，或用之竹木。木与竹非持久涉远之具，故用之生铜。其囊，织青竹以卷之，裁碧缣以缝之，纽翠钿以缀之。又作绿油囊以贮之。圆径五寸，柄一寸五分。

瓢，一曰牺杓，剖瓠为之，或刊木为之。晋舍人杜育《荈赋》云："酌之以匏。"匏，瓢也，口阔，胫薄，柄短。永嘉中，余姚人虞洪入瀑布山采茗，遇一道士，云："吾，丹丘子，祈子他日瓯牺之余，乞相遗也。"牺，木杓也。今常用，以梨木为之。

竹筴，或以桃、柳、蒲葵木为之，或以柿心木为之。长一尺，银裹两头。

鹾簋，以瓷为之，圆径四寸。若合形。或瓶，或罍，贮盐花也。其揭，竹制，长四寸一分，阔九分。揭，策也。

熟盂，以贮熟水，或瓷，或沙，受二升。

碗，越州上，鼎州次，婺州次，岳州次，寿州、洪州次。或者以邢州处越州上，殊为不然。若邢瓷类银，越瓷类玉，邢不如越一也；若邢瓷类雪，则越瓷类冰，邢不如越二也；邢瓷白而茶色丹，越瓷青而茶色绿，邢不如越三也。晋杜育《荈赋》所谓："器择陶拣，出自东瓯。"瓯，越也。瓯，越州上，口唇不卷，底卷而浅，受半升巳下。越州瓷、岳瓷皆青，青则益茶。茶作白红之色。邢州瓷白，茶色红；寿州瓷黄，茶色紫；洪州瓷褐，茶色黑，悉不宜茶。

畚，以白蒲卷而编之，可贮碗十枚。或用筥。其纸帊以剡纸夹缝，令方，

亦十之也。

札，缉栟榈皮以茱萸木夹而缚之，或截竹束而管之，若巨笔形。

涤方，以贮涤洗之余，用楸木合之，制如水方，受八升。

滓方，以集诸滓，制如涤方，处五升。

巾，以绝布为之，长二尺，作二枚，互用之，以洁诸器。

具列，或作床，或作架。或纯木、纯竹而制之，或木，或竹，黄黑可扃而漆者，长三尺，阔二尺，高六寸。具列者，悉敛诸器物，悉以陈列也。

都篮，以悉设诸器而名之。以竹篾内作三角方眼，外以双篾阔者经之，以单篾纤者缚之，递压双经，作方眼，使玲珑。高一尺五寸，底阔一尺、高二寸，长二尺四寸，阔二尺。

《茶经·四之器》译文

| 素养提升 |

天下茶叶同一宗

世界各国的茶种，以及饮茶的文化习俗，大多直接或间接出自中国，相关研究还发现，世界上大多数国家关于"茶"的称呼和发音，也直接或间接地从中国"茶"音演绎而来。我们不但可以说"天下'茶'字同一宗"，也可以说"天下茶叶同一宗"。

"一带一路"倡议是我国提出的国家级顶层合作倡议，而茶将在其中发挥重要作用。沿线各国通过各类茶事活动，以茶为媒，化解隔阂，进行贸易交流，促进共同发展。随着"一带一路"构想的推进，中国茶文化将发挥更大的价值。

（资料来源：https://www.sohu.com/a/199977303_651915。）

润物无声：
文化自信；
产业报国；
民族精神；
和平共处

茶余课后

文化是一个民族的灵魂，也是国际交流的桥梁和纽带。近年来，在共建"一带一路"倡议指引下，很多茶产业以茶为媒，主动融入和服务共建"一带一路"倡议，搭建起对外交流的桥梁。教师可以将学生分为若干个小组，要求每个小组讲述一个与茶叶传播有关的故事及其意义，故事中须涵盖茶叶传播所涉及的"一带一路"沿线国家。故事讲述环节整体表现得优秀的小组将获得加分奖励。

评价标准

教学评价	评价标准	标准分值	个人评价（10%）	小组评价（30%）	校内外教师评价（60%）	得分合计
课堂纪律（30%）	出勤率	15分				
	课堂纪律	15分				

续表

教学评价	评价标准	标准分值	个人评价（10%）	小组评价（30%）	校内外教师评价（60%）	得分合计
项目评价（50%）	自主学习能力	5分				
	操作能力	35分				
	处理特殊情况的能力	5分				
	对客服务意识	5分				
团队协作能力（20%）	参与团队任务的积极程度	10分				
	小组分工配合程度	10分				

项目测试

一、填空题

1. 世界上传统的三大无酒精饮料是_____、_____、_____。

2. 唐朝著名作家_____写成了中国乃至世界现存最早、最完整、最全面介绍茶的专著_____，被后世尊称为"茶圣"。

3. 茶具有_____和_____的双重价值。

4. 我国现存最早的药物学专著是_____。

5. 影响茶汤品质的主要成分包括碳水化合物、咖啡因、_____及_____类。

6. 茶叶按照成品的聚散程度可分为_____、_____和末茶。

7. 名贵细嫩的绿茶适用于_____冲泡。

8. 绿茶，又称"不发酵茶"，主要品种有_____、_____、黄山毛峰。

9. 红茶属于发酵茶，我国红茶的主要代表品种有_____和_____。

10. _____色泽黑润或褐红，滋味醇厚回甘，有独特的沉香味。

二、判断题

1. 乌龙工夫茶起源于宋朝。（　　）

2. 盖碗又称"三才碗"，蕴含"天盖之，地载之，人育之"的道理。（　　）

3. 冬春时节最适宜饮青茶，因为青茶味微甘，性寒。（　　）

4. 茶艺的三种形态是品茗、营业、表演。（　　）

5. 现代人泡茶多用软水，因为在软水中，茶叶的有效成分溶解度高，故茶味浓。（　　）

三、简答题

1. 唐朝茶文化兴起的原因是什么？

2. 请说出我国传统茶叶具体包括哪六大类，每类各举一例。

线上答题
▼

项目一

项目测试参考答案
▼

项目一

Note

项目二
感悟饮茶与养生之道

🍵 项目情景描述

通过本项目的学习,了解茶叶对人体有益的成分,以及茶饮与健康的关系,形成对科学饮茶的基本认知。

🍵 知识网络

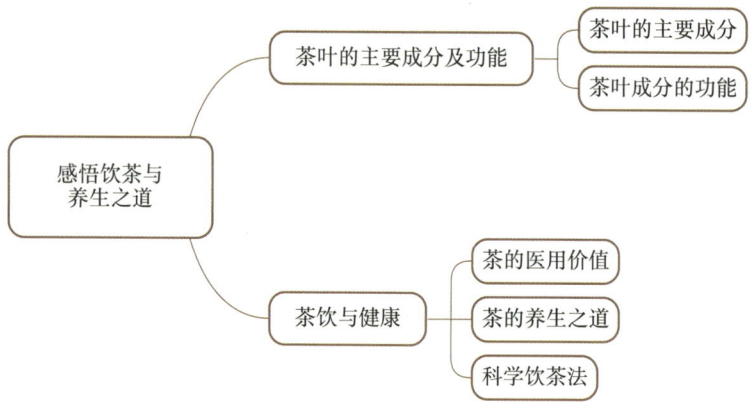

🍵 项目目标

知识目标

(1)掌握茶叶的主要成分。
(2)掌握茶饮与健康的关系。

能力目标

(1)学会利用科学饮茶法。
(2)提升岗位服务能力和解决问题的能力。
(3)提高茶事服务能力。

素养目标

(1)培养为客人提供针对性服务的职业素养,具备敬业精神、认真细致的工作态度。
(2)增强交际能力,培养团队协作能力。

任务一　茶叶的主要成分及功能

任务目标

通过本任务的学习,认识茶叶所包含的成分,认识影响茶汤滋味、醇厚感、光泽度、香气等不同风味特征的成分。

任务描述

中国人自古以来有着品茶的习惯,茶文化影响了人们生活的方方面面。每一种茶,都有其独特的风味,如酸、甜、涩、苦、咸等。不同的茶叶,泡出的茶汤色泽各异,有的透亮,有的醇厚。茶汤的香气同样千差万别,有的香气浓郁扑鼻,有的则清淡雅致。这些差异,源自茶叶本身的不同成分和制作工艺。

任务分析

本任务主要培养茶艺人员的茶事服务能力,提升茶艺人员的专业知识素养。

任务准备

准备不同品类的茶叶及泡茶茶具。

任务实施

一、茶叶的主要成分

茶叶(见图2-1-1),俗称"茶",一般指茶树的叶子和芽。由茶叶制成的茶饮,是全球闻名的饮料之一。茶叶成分众多且大多有利于身体健康,经过近百年的现代科学研究,我们对茶叶的成分有了更加深入的了解。现代科学研究表明,茶叶中蕴含的有机化学成分超过四百种,这些成分赋予了茶叶独特的风味和香气。同时,茶叶中还含有四十多种无机矿物质元素,这些元素对人体健康至关重要。茶叶的这些成分共同作用,为人体提供了丰富的营养。

茶叶中包含的营养物质种类繁多,如图2-1-2所示,涵盖了人体所需的蛋白质、脂类、碳水化合物、维生素等多种营养素。此外,茶叶还富含钾、钙、镁、铁、钠、锌、铜、氮、磷、氟、硒等元素,这些元素对于维持人体正常的生理功能和促进健康具有不可忽视的作用。

图 2-1-1　茶叶

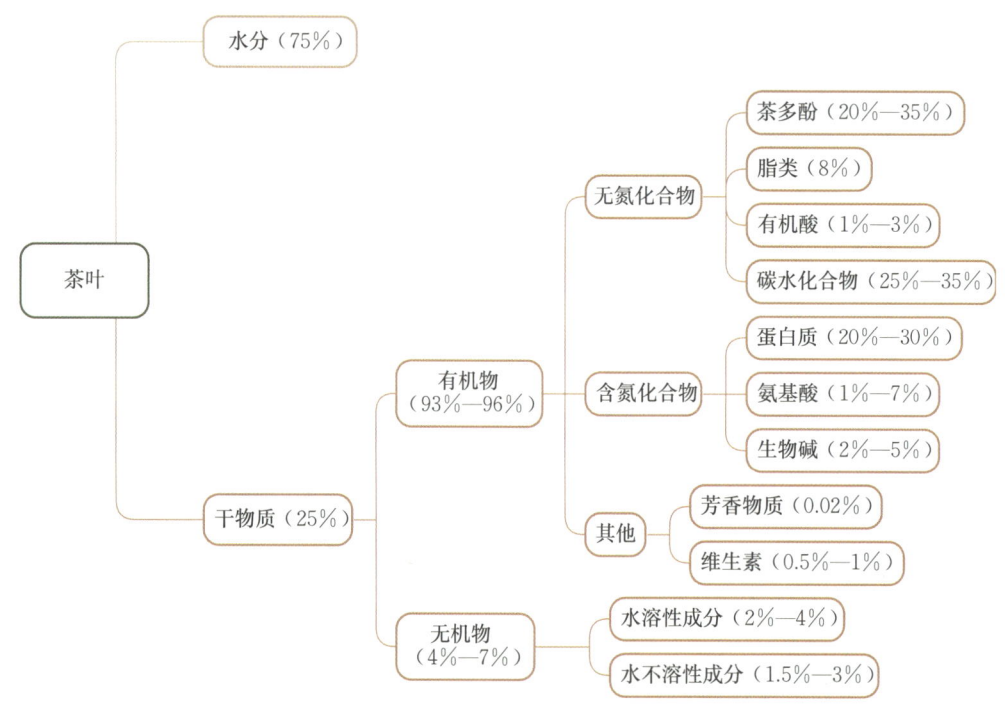

图 2-1-2　茶叶成分

二、茶叶成分的功能

（一）有机酸

有机酸是构成茶叶香气的关键成分之一。有些有机酸在自然状态下并不具备明显的香气，但通过氧化过程，它们可以转化为具有特定香气的化合物，为茶叶增添层次丰富的风味。

（二）茶多酚

茶多酚是茶叶中的一类重要的酚类化合物,包括多种衍生物,通常被称为"茶单宁"。茶多酚具有强大的抗氧化特性,能够帮助清除人体内的自由基,减缓细胞老化,对维护人体健康具有重要意义。

（三）氨基酸

氨基酸是构成蛋白质的基本单位,对人体的细胞生成和组织修复具有至关重要的作用。茶叶中含有多种人体必需的氨基酸,如茶氨酸等,这些氨基酸不仅能提升茶汤的口感和营养价值,还对人体健康有益。

（四）蛋白质

蛋白质是人体的主要能量来源之一。茶叶中的水溶性蛋白质是形成茶汤滋味和营养价值的重要元素,它们在茶叶冲泡过程中溶解于水中,为茶汤带来丰富的口感和营养价值。

（五）生物碱

茶叶中的生物碱主要包含咖啡因和可可碱。这些物质对茶汤的滋味有着显著的影响,它们能够刺激人体的中枢神经系统,提高饮用者的注意力和警觉性。此外,适量摄取含有生物碱的茶水还能给饮用者带来愉悦感。

（六）果胶

茶叶中的水溶性果胶对茶汤的口感和外观有着显著的影响。果胶能够增加茶汤的甜醇味,使其更加丝滑、醇厚,同时也能提升茶汤的光泽度,使其看起来更加诱人。

（七）糖类

茶叶中的糖类成分对茶汤的滋味有着不可忽视的作用。茶叶的嫩度与多糖含量密切相关,一般来说,嫩度较低的茶叶的多糖含量较高,而嫩度高的茶叶的多糖含量较低。

（八）色素

茶叶中脂溶性色素会影响茶叶的色泽,如图 2-1-3 所示。叶绿素 a 和叶绿素 b 是茶叶中最主要的两种色素,它们的含量比例直接影响着茶叶的颜色。高含量的叶绿素 a 会使茶叶呈现深绿色,而叶绿素 b 含量较高时,则会使茶叶呈现黄绿色。由于幼嫩的芽叶中叶绿素 b 含量较高,这些茶叶通常呈现为嫩黄色或嫩绿色。

图 2-1-3　新鲜茶叶与干茶

（九）类脂类

茶叶中的类脂类物质对茶叶的香气有着显著的影响,在茶树体的原生质中,类脂类物质能够调节物质的渗透,对进入细胞的物质起到调节作用。

（十）芳香物质

茶叶中的芳香物质主要由醇类化合物构成,这些化合物具有不同的沸点,从而使茶叶形成多样的香气,如青草香、花香等。

（十一）维生素

茶叶中含有丰富的维生素,尤其是水溶性维生素,包括维生素 C、维生素 B1、维生素 B2、维生素 B3(烟酸)、维生素 B5(泛酸)、维生素 B11(叶酸)和维生素 P(类黄酮)。其中,维生素 C 的含量尤为丰富。

（十二）酶类

茶叶中包含诸多种类的酶,且这些酶类在不同温度条件下有易变性、失活的特点。茶叶加工过程中,通过控制温度和处理方法,可以调节酶的活性,从而形成茶叶特有的色、香、味。例如,针对绿茶,在加工过程中,通过控制温度来钝化酶的活性,保持茶叶的绿色和茶汤的鲜爽口感,如图 2-1-4 所示;而针对红茶,则通过激发酶的活性,促进茶叶发酵,形成红叶、红汤的特色。

图 2-1-4　茶汤

茶叶的主要成分及其相关说明见表2-1-1。

表 2-1-1 茶叶主要成分及其相关说明

主要成分	成分说明	分布特性	风味
茶多酚	儿茶素、黄烷醇类、黄酮类	在日照强、温度高的产区产出的茶,其茶多酚含量高,且夏茶高于春茶、秋茶,大叶种茶高于中、小叶种茶,平地茶高于高山茶	苦涩味,氧化为茶色素后苦涩味降低
生物碱	咖啡因、茶叶碱、可可碱	大叶种茶的生物碱含量高于中、小叶种茶,夏茶高于春茶、秋茶。嫩叶中生物碱含量较高,而老叶和茎、梗中的生物碱含量较低。根、种子不含咖啡因	苦涩味
氨基酸	游离氨基酸:茶氨酸、氨基丁酸	在柔嫩的芽叶中,氨基酸含量较高。在日照弱、温度低的产区产出的茶,氨基酸含量高,且夏茶低于春茶、秋茶,中、小叶种茶高于大叶种茶,高山茶高于平地茶	鲜甜味,缓解苦涩味
蛋白质	水溶性蛋白、非水溶性蛋白	凡是蛋白质含量高的鲜叶,其游离氨基酸、咖啡因和核酸的代谢旺盛,代谢过程中的中间产物和终产物含量都高,对茶汤的滋味、香气形成良好的影响	水溶性蛋白的含量会影响茶汤的醇厚感
糖类	单糖、双糖、多糖	糖类含量是茶叶原料或老或嫩的依据。老叶的糖类含量比嫩叶高。在淀粉、果胶、茶多糖、纤维素等方面,老叶的含量比嫩叶高。糖类在茶叶加工过程中可分解	使茶汤具有甜醇味。水溶性果胶是形成茶汤醇厚感和色泽的主要成分之一
色素	脂溶性色素:叶绿素、类胡萝卜素	一般来说,中、小叶种茶的叶绿素含量比大叶种茶高,秋茶的叶绿素含量比春茶、夏茶高,成熟叶片的叶绿素含量比嫩叶高。秋季,在黄茶闷黄、红茶发酵等工序中,叶绿素被大量破坏后,茶叶会显现出类胡萝卜素的黄色	参与叶底色泽的形成
	水溶性色素:茶色素	茶色素包含茶黄素、茶红素和茶褐素三大成分,是茶多酚的氧化产物。茶黄素水溶液呈鲜明的橙黄色,茶红素水溶液呈深红色,茶褐素水溶液呈深褐色	茶色素是影响干茶、茶汤和茶叶叶底颜色的主要物质。茶黄素具有较强的收敛性、刺激性;茶红素刺激性较弱;茶褐素无收敛性
	水溶性色素:黄酮类和花青素	黄酮类和花青素属于茶多酚。一般来说,在茶叶中,黄酮类的含量占干物质的3%—4%;花青素的含量占干物质的0.01%—1%	黄酮类和花青素是水溶性黄色素的主体物质,会使茶汤呈苦涩味
芳香物质	酯类、醇类、酮类、酸类、醛类等有机物	含量少,重要性强,种类多。在茶叶中常以香气苷的形式存在	不同茶叶因制法、品种、地域不同而茶香各异
茶皂素	—	粗老茶叶原料的茶皂素含量比嫩叶高,茶籽的茶皂素含量比茶叶高	茶皂素是茶汤起泡的重要物质,使茶汤味苦而辛辣

▍他山之石 ▍

　　陆羽观察总结了各大茶区茶叶的生长规律以及茶农对茶叶的加工工艺，并进一步分析了茶叶品质的优劣，学习了民间烹茶的良好方法，在此基础上，形成了著作《茶经》。此外，陆羽还留心于民间茶具和茶器的制作，且制作出一套独特的茶具。陆羽用自己的一生研究茶事，他的脚步遍及全国各大茶区。自陆羽著《茶经》之后，茶叶相关专著陆续问世，进一步推动了中国茶事的发展。相关代表作品包括：宋朝蔡襄的《茶录》，宋徽宗赵佶的《大观茶论》；明朝由钱椿年著、顾元庆删校的《茶谱》，张源的《茶录》；清朝刘源长的《茶史》等。

▍素养提升 ▍

多措并举　抓实古茶树保护

　　"世界之茶看中国，中国之茶看云贵。"中国是最早发现和栽培茶树的国家，也是茶文化的起源地。在我国云南，分布着非常丰富的古茶树群，这些古茶树历经千百年岁月的洗礼，依然保留着古老的气息，对于云南古茶树资源的研究和茶产业发展具有重要意义。

　　2022年，楚雄州南华县兔街镇以茶为媒举办"中国·南华兔街首届采茶节"，全面宣传推介兔街镇的古树茶，提高兔街镇古树茶的对外知名度，全力打造"茶叶之乡"的品牌形象，通过提升古树茶知名度和打造品牌来带动全镇生态茶的大发展。

　　古茶树是珍贵的自然文化遗产，对古茶树进行科学保护和利用，实现可持续发展，符合云南高原特色农业的发展要求，对于茶业经济发展、茶旅休闲农业发展、脱贫攻坚与乡村振兴有着积极的促进作用。

　　（资料来源：《保护珍稀古茶树资源 推动茶产业健康发展》，文旅头条新闻网，2022年4月9日。）

▼

润物无声：可持续发展；环境意识；科学思维；乡村振兴

茶余课后

　　结合本任务的学习内容，收集整理与茶叶相关的资料，并以小组为单位，在班级内分享茶叶相关知识，包括茶叶中的各种成分的功效等。

评价标准

教学评价	评价标准	标准分值	个人评价（10%）	小组评价（30%）	校内外教师评价（60%）	得分合计
课堂纪律（30%）	出勤率	15分				
	课堂纪律	15分				

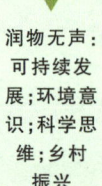
Note

续表

教学评价	评价标准	标准分值	个人评价（10%）	小组评价（30%）	校内外教师评价（60%）	得分合计
项目评价（50%）	自主学习能力	5分				
	操作能力	35分				
	处理特殊情况的能力	5分				
	对客服务意识	5分				
团队协作能力（20%）	参与团队任务的积极程度	10分				
	小组分工配合程度	10分				

任务二　茶饮与健康

🍵 任务目标

通过本任务的学习,了解茶叶的医用价值和保健功效。

🍵 任务描述

近年来,茶类饮品越来越受到年轻群体的关注。随着健康意识的增强,年轻人开始更加关注自身的健康和养生。快节奏的工作和生活,给年轻人带来了一定程度的压力。同时,现代生活中的电子设备,如手机、电脑等,也不可避免地给人们的身体带来了一定的影响。在这种背景下,年轻人开始寻求有效的养生方式,而茶饮因其天然、健康的属性,成为他们的首选。然而,若是缺乏对茶的相关功效的了解,盲目饮茶,反而会对饮茶者的身体健康产生负面影响。

🍵 任务分析

本任务旨在加深学生对茶叶的医用价值的认识,引导学生了解茶的人文价值。

🍵 任务准备

准备不同类型的茶叶及其茶艺表演所需的茶具。

🍵 任务实施

一、茶的医用价值

自古以来,我国便开始了对茶叶医疗效用的研究,相关典籍包括:宋朝苏颂在他的

教学视频
▼

茶与健康

《本草图经》(见图 2-2-1)中提出茶可"祛宿疾,当眼前无疾";宋朝林洪在他的《山家清供》(见图 2-2-2)中提出"茶,即药也"的论断;明朝程用宾在他的《茶录》中提出茶可"抖擞精神,病魔敛迹"。

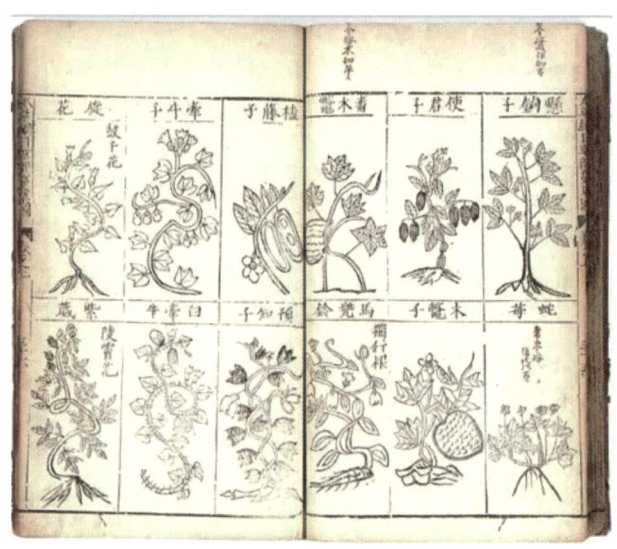

图 2-2-1　《本草图经》①

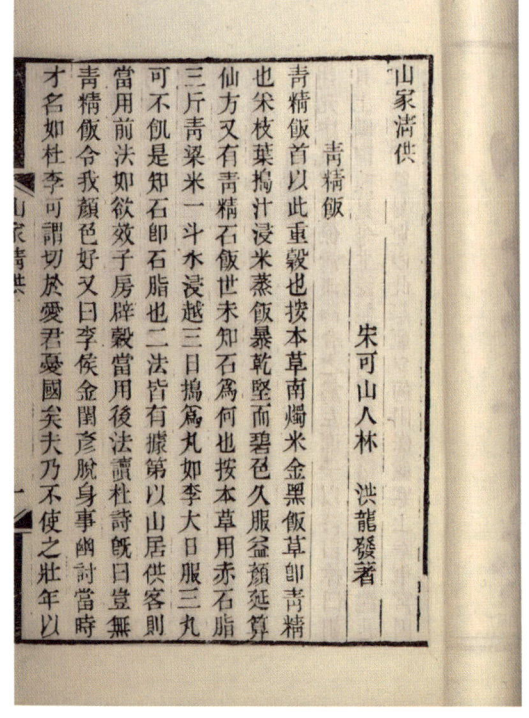

图 2-2-2　《山家清供》②

经常饮茶对人体有一定的好处,主要表现为以下几方面。

(一)抗疲劳,保持兴奋

茶叶中的咖啡因等会使人脑产生兴奋的物质,能够有效刺激人体的中枢神经系统,有助于提升饮用者的思维敏捷性和记忆力。饮茶有助于保持头脑清醒,提升工作效率和学习效能,是对抗疲劳、提高注意力的良好选择。

(二)利尿

茶叶中的咖啡因具有刺激排尿反射的作用,有助于促进人体体内水分和钠的代谢,帮助消除水肿。常饮茶能够有效地促进饮用者排尿,对于维持人体水分平衡和促进人体健康具有积极作用。

(三)提高抵抗力,预防疾病

茶叶中丰富的矿物质,如钾、钙、镁、锰等,对维持人体健康至关重要。特别是锰元素,具有抗氧化和延缓衰老的功能。茶汤的碱性特性有助于维持饮用者体内的酸碱平衡。茶叶中的维生素C和氨基酸有助于增强饮用者的免疫力,而茶多酚具有杀菌和抗氧化作用,有助于提高饮用者自身对外界病原体的抵抗力。

(四)保护牙齿

茶叶中的茶多酚和氟元素具有显著的防龋效果,它们有助于强化饮用者的牙齿,预防蛀牙,并有助于饮用者保持口腔的清洁与健康。此外,茶叶中的醇类化合物还有助于消除口臭,维持饮用者口腔的持久清新。

(五)促进新陈代谢

茶叶中的儿茶素和咖啡因等成分对促进人体消化和脂肪代谢具有积极作用。它们能够帮助分解饮用者体内的脂肪,提高其新陈代谢,从而有助于饮用者控制体重和塑造身形。

(六)降"三高"(高血脂、高血压、高血糖)

茶叶中的茶多酚有助于降低胆固醇、减少心血管疾病的风险、降低血脂水平。茶叶中的钾元素有助于促进人体体内血钠的排出,对于维持血压稳定尤为重要。特别是绿茶,其茶多酚含量较高,适量饮用可以帮助饮用者降低血糖和血压,对心脏健康大有裨益。

(七)防辐射

茶叶中的茶多酚和氨基酸具有抗氧化特性,有助于中和辐射及放射性物质对人体的潜在危害。对于长期吸烟者,定期饮茶有助于减轻尼古丁等有害物质对身体的危害。同时,在现代生活中,人们不可避免地会受到来自手机、电脑等电子设备的辐射,

Note

适量饮茶可以为饮用者提供一定程度的保护,减轻这些辐射对人体健康的潜在危害。

(八)预防老年痴呆

茶叶中的茶多酚等活性物质对于保持人体大脑健康和预防认知功能退化具有重要作用。它们有助于增强饮用者的记忆力和注意力,对其大脑细胞起到保护作用,维持脑血管的健康,并降低患阿尔茨海默病的风险。

(九)其他作用

茶叶中的咖啡因能够刺激人体胃液分泌,促进食物消化,从而减轻胃肠道的负担,并促进人体的新陈代谢。茶叶中的维生素A有助于预防夜盲症、干眼症等,对于维护视力健康至关重要。此外,茶叶中的糖类、果胶等成分有助于增加饮用者口腔湿润度,促进唾液分泌。

二、茶的养生之道

茶文化,作为中国传统养生文化的重要组成部分,被赋予了深远的意义。在民间,还流传着"宁可百日无肉,不可一日无茶"的俗语。

唐朝的李白在《答族侄僧中孚赠玉泉仙人掌茶》的序中写道:"余闻荆州玉泉寺近清溪诸山,山洞往往有乳窟,窟中多玉泉交流……其水边,处处有茗草罗生,枝叶如碧玉。唯玉泉真公常采而饮之,年八十余岁,颜色如桃花,而此茗清香滑熟,异于他者,所以能还童振枯,扶人寿也。余游金陵,见宗僧中孚,示余茶数十片,拳然重叠,其状如手,号为仙人掌茶。"由李白起名的"仙人掌茶"有养颜润肌、延年益寿等功能。

唐朝的皎然在《饮茶歌诮崔石使君》中写道:"一饮涤昏寐,情来朗爽满天地。再饮清我神,忽如飞雨洒轻尘。三饮便得道,何须苦心破烦恼。"通过饮茶,顿悟佛教"四圣谛"中的"苦、集、灭、道",将饮茶提升到"养心"境界,开启"以茶悟禅"先河。

明朝著名养生家高濂在其所著的《遵生八笺》中,将茶道与养生学结合起来。

明朝由钱椿年著、顾元庆删校的《茶谱》中,曾引用《梦余录》的相关记载:"大中三年(849年)东京一僧一百三十岁,宣宗问服何药?云:'性唯好茶,善哉!'"

中国茶道认为茶是大自然恩赐的"珍木灵芽",在种植茶树、采摘鲜叶、制作茶叶的过程中,必须遵循自然的规律,顺应天时地利,才能产出高品质的茶叶。在茶事活动中,一切行为都应自然朴实,不做作,在精神方面,讲究道法自然,达到清静、恬淡、无为的心境,进入"无我"的境界。

三、科学饮茶法

茶作为一种养生饮品,虽具有多种健康益处,但也需要正确饮用。茶不能完全代替药品。同时,饮茶也有所禁忌。因此,我们应该做到科学饮茶,具体体现为以下几个方面。

（一）空腹不宜饮茶

空腹时饮茶可能会稀释胃液,降低胃酸水平,影响正常的消化功能。特别是早晨起床后,不建议立即饮茶,以免对胃黏膜造成刺激。此外,应避免饮用隔夜茶,因为茶叶在长时间浸泡后可能会产生亚硝酸盐等不利于健康的物质。

（二）头遍茶不宜饮用

茶叶在制作过程中可能会受到一些有害物质的污染,其表面会有污染残留物。在冲泡茶叶时,第一泡茶水主要用于清洗茶叶,去除茶叶表面的尘土和污染残留物,因此不建议饮用。

（三）酒后不宜饮茶

饮茶,尤其是饮用浓茶,会因为浓茶的利尿作用而增加肾脏的负担,同时也可能导致心跳加快,对心脏造成额外压力。因此,酒后不宜立即饮茶,以免对心脏和肾脏造成不利影响。

（四）睡前不宜饮茶

茶叶中的咖啡因等会使人脑产生兴奋性的物质,可能会导致饮用者睡前精神亢奋,影响其正常的睡眠。尤其是老年人,若在睡前饮茶可能会引起心慌、多尿等问题,从而影响睡眠质量。

（五）不宜用茶水服药

茶叶中含有的茶叶碱等成分可能会与药物发生相互作用,影响药效,因此不建议用茶水服药,以免药效受到影响,同时避免可能会产生的不良反应。

（六）不宜饮茶过量、过浓

饮茶过量或过浓可能会对人体心脏和肾脏造成额外负担。茶叶中的咖啡因若摄入过多,可能会干扰胃酸的正常分泌,影响消化,并可能引起心慌、头晕、四肢乏力等不适症状,甚至出现"醉茶"现象,严重时可导致胃溃疡甚至胃穿孔。

他山之石

茶的药用功效

《救生苦海》中记载:"口烂,茶根代茶煎饮。"

《本草纲目》中记载:"治痘疮作痒,房中宜烧茶烟恒熏之。"

佛教有云,茶可"涤随眠于九结,破昏滞于十缠",因此佛门弟子多喝茶,以助修行。

陆羽的《茶经》中写道:"采不时,造不精,杂以卉莽,饮之成疾。茶为累也,亦犹人参,上者生上党,中者生百济、新罗,下者生高丽。有生泽州、易州、幽州、檀州者,为药无效,况非此者!设服荠苨,使六疾不瘳。知人参为累,则茶累尽矣。"这段话的意思是假如采摘茶叶不按时节,制作茶叶的工艺不够精细,茶叶里充斥着杂草、枯叶,饮用以这样的茶叶泡制的茶汤会让人生病,茶可能会对人体造成的伤害,与人参是一样的。

(资料来源:https://www.sohu.com/a/116124615_260118。)

┃ 素养提升 ┃

品 茗 之 道

　　养生法是根据中医学理论,运用调神、导引、四时调摄、食养、药养等方法的中国传统保健方法。养生是指通过各种方法颐养生命、增强体质、预防疾病,从而达到延年益寿的一种医事活动。所谓"养",即保养、调养、补养之意;所谓"生",即生命、生存、生长之意。简而言之,养生就是保养生命的意思。

　　养生茶道中的"养生"和"茶道"概念,既非单独的中医养生概念,也非独立的茶道概念,而是二者的结合体,茶道中的物质和精神层面与养生相结合,既养生,亦养性。因此,我们不能独立地看待茶叶中的营养成分与养生的关联。实际上,茶道中的茶艺、茶精神、茶叶等均为养生茶道学的重要构成元素,均与养生茶的保健作用有着重要关联。所以说,养生茶道学是研究茶叶中有效物质对人的保健作用以及茶道精神的颐养心灵作用的综合性科学。

(资料来源:https://yupinchayuan.com/h-nd-135.html。)

润物无声:弘扬健康生活方式;锻炼意志

茶余课后

　　通过感悟茶的养身、养心之道,让茶文化浸润心灵,进而体会饮茶对人体的益处,从科学的角度认识茶的内涵和健康价值。本项目鼓励师生共同研发茶品。教师可以将学生分成若干个小组,配备相应的材料和工具,鼓励学生进行创新。

评价标准

教学评价	评价标准	标准分值	个人评价(10%)	小组评价(30%)	校内外教师评价(60%)	得分合计
课堂纪律(30%)	出勤率	15分				
	课堂纪律	15分				
项目评价(50%)	自主学习能力	5分				
	操作能力	35分				
	处理特殊情况的能力	5分				

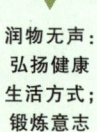
Note

续表

教学评价	评价标准	标准分值	个人评价（10%）	小组评价（30%）	校内外教师评价（60%）	得分合计
项目评价（50%）	对客服务意识	5分				
团队协作能力（20%）	参与团队任务的积极程度	10分				
	小组分工配合程度	10分				

项目测试

线上答题
▼

项目二

一、填空题

1. 目前已经证实,茶叶对人体健康有一定的积极作用,因为茶叶中包含＿＿＿＿＿、＿＿＿＿＿＿、＿＿＿＿＿。

2. 饮茶有益健康,茶饮的功效包括＿＿＿＿＿、＿＿＿＿＿、＿＿＿＿＿、＿＿＿＿＿。

3. 唐朝饮茶方式为＿＿＿＿＿,宋朝为＿＿＿＿＿,明清时期为＿＿＿＿＿。

4. 中国乃至世界现存最早、最完整、最全面介绍茶的专著是＿＿＿＿＿。

5. 社会鼎盛是唐朝＿＿＿＿＿的主要原因。

6. ＿＿＿＿＿茶叶的种类有粗茶、散茶、末茶、饼茶。

7. 《神农本草经》是最早记载茶为＿＿＿＿＿的书籍。

8. 在宋朝,＿＿＿＿＿的名称为"茗粥"。

9. 皖南屯绿的外形特点是＿＿＿＿＿、＿＿＿＿＿、＿＿＿＿＿。

10. 传颂千古的诗《走笔谢孟谏议寄新茶》的作者是＿＿＿＿＿。

项目测试
参考答案
▼

项目二

二、判断题

1. 饮茶对大脑细胞有保护作用,茶叶中的茶多酚等物质可以延缓大脑退化,提升记忆力、注意力,预防老年痴呆。（　　）

2. 饮茶有益于人体健康,还可以修身养性、陶冶情操。（　　）

3. 长期吸烟的人群可经常饮茶,以减少尼古丁对人体的危害。现代人经常处在围绕着手机、电脑等的环境中工作,喝茶可以减少手机、电脑辐射的危害。（　　）

4. 宋朝北苑贡茶的产地是建安北苑(今福建建瓯)。（　　）

5. 煎制饼茶前,须经炙、碾、罗工序的是唐朝的点茶技艺。（　　）

三、简答题

1. 饮茶对人体健康有哪些好处? 请至少列出三条。

2. 简述茶多酚的药理作用。

Note 🍵

模块二
茶之分类

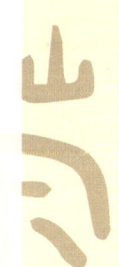

项目三
辨识茶叶之分类

项目情景描述

通过本项目的学习,了解茶叶的基本分类,掌握茶叶的审评要求,了解名茶名品,能够对名茶起源、特点、制作工艺等有基本认知。

知识网络

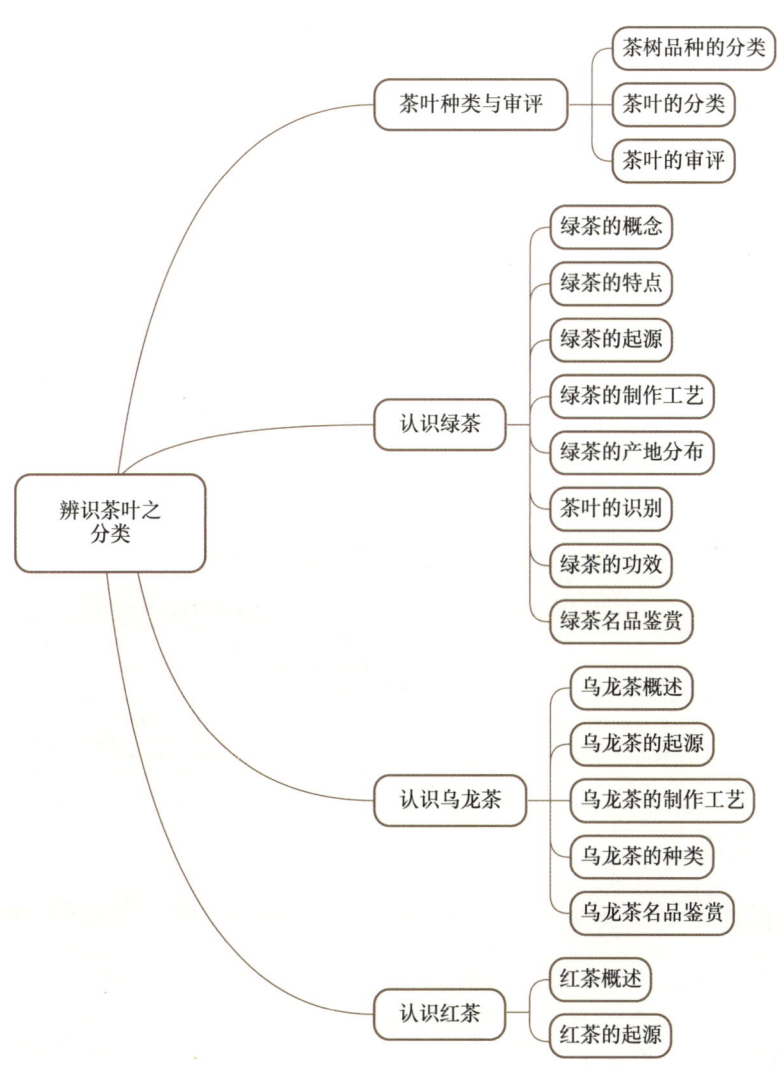

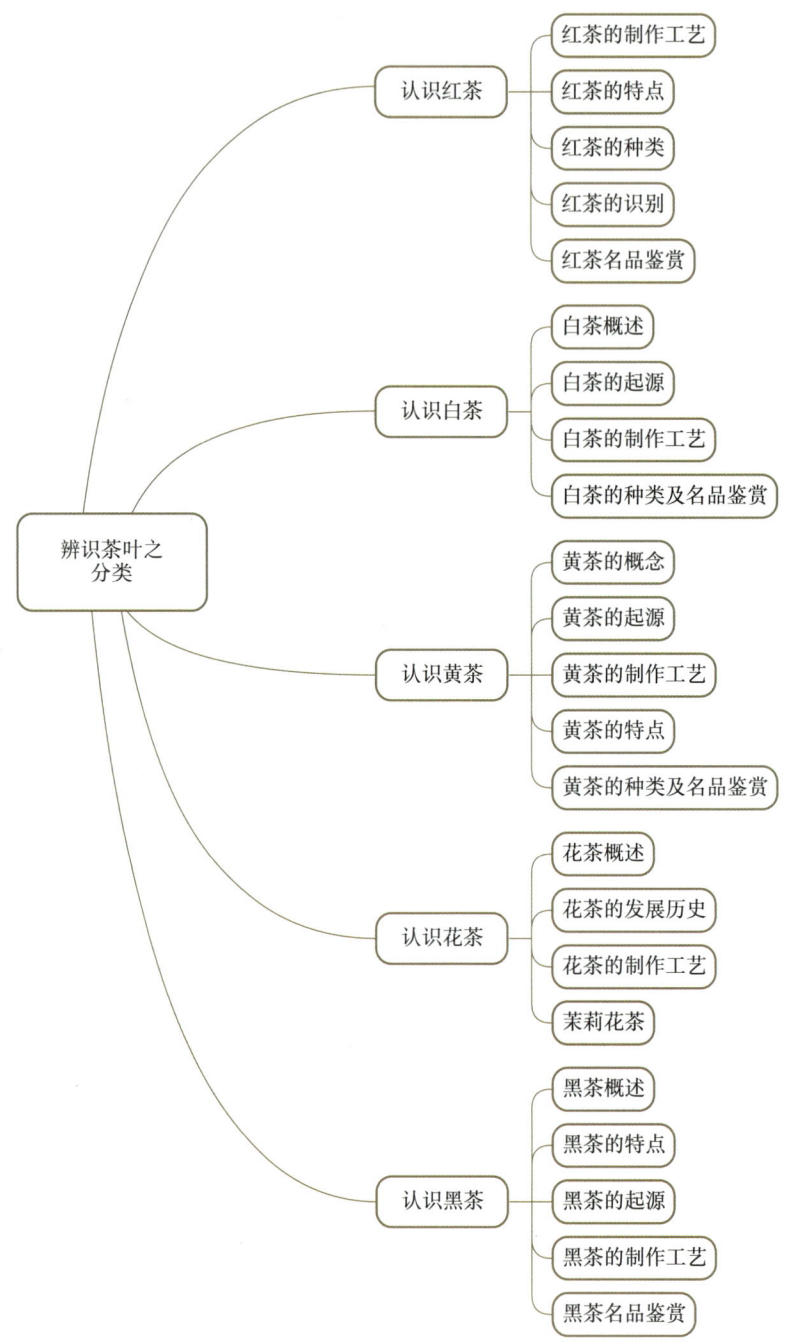

```
                                    ┌─ 红茶的制作工艺
                                    ├─ 红茶的特点
                        认识红茶 ────┼─ 红茶的种类
                                    ├─ 红茶的识别
                                    └─ 红茶名品鉴赏

                                    ┌─ 白茶概述
                                    ├─ 白茶的起源
                        认识白茶 ────┼─ 白茶的制作工艺
                                    └─ 白茶的种类及名品鉴赏

                                    ┌─ 黄茶的概念
                                    ├─ 黄茶的起源
  辨识茶叶之分类 ──── 认识黄茶 ────┼─ 黄茶的制作工艺
                                    ├─ 黄茶的特点
                                    └─ 黄茶的种类及名品鉴赏

                                    ┌─ 花茶概述
                                    ├─ 花茶的发展历史
                        认识花茶 ────┼─ 花茶的制作工艺
                                    └─ 茉莉花茶

                                    ┌─ 黑茶概述
                                    ├─ 黑茶的特点
                        认识黑茶 ────┼─ 黑茶的起源
                                    ├─ 黑茶的制作工艺
                                    └─ 黑茶名品鉴赏
```

项目目标

知识目标

（1）掌握各类茶的起源、制作工艺。

（2）掌握茶的分类，以及各类茶的名品鉴赏。

（3）掌握各类茶的特点。

能力目标

（1）能够正确区分茶叶种类。

（2）能够对各类茶进行基本介绍。

素养目标

（1）学会细心观察。

（2）培养良好的职业素养。

（3）树立弘扬中华优秀传统文化的意识，增强文化自信。

（4）树立为客人服务的意识，激发对岗位的责任感和荣誉感。

任务一　茶叶种类与审评

🍵 任务目标

通过本任务的学习，了解茶树的基本概念和类别。学习茶的多种分类方式，加深对名茶名品鉴赏的认知。

🍵 任务描述

中国是世界上最早种植茶树的国家，也是目前排名前列的产茶大国。中国地域辽阔，茶树的种植遍布各地，但因地势、气候、土壤等因素的不同，各个产地所产出的茶叶品种、品质、特色各不相同。

🍵 任务分析

本任务主要引导学生了解茶叶的不同分类方式，培养学生鉴别茶叶品类的能力。

茶叶的分类不仅基于制法，还需要考虑品质的系统性。每一类茶都有其独特的制法，如红茶的发酵过程、黑茶的渥堆做色过程等。因此，根据这些制法上的差异，可以区分出不同的茶类。

🍵 任务准备

准备各种茶叶、冲泡用水、茶具，以及茶树的相关视频资料。

🍵 任务实施

一、茶树品种的分类

茶树是多年生常绿木本植物，在植物分类系统中属于被子植物门、双子叶植物纲、

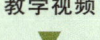

教学视频

茶叶的命名和基本分类

Note

原始花被亚纲、山茶目、山茶科、山茶属。茶树叶片为革质,呈椭圆形或长圆形,边缘有明显锯齿;有明显叶脉,互生,由叶缘回生形成封闭网状脉,一般次叶脉有7—13对(见图3-1-1)。

茶树有多种分类依据,如生态分类、形态分类、品种分类等。通常根据自然生长情况下茶树的分枝习性和高度,将茶树分为乔木型茶树、半乔木型茶树和灌木型茶树。

图 3-1-1 茶叶

（一）乔木型茶树

乔木型茶树(见图3-1-2)是一种具有原始特征的茶树类型,主要分布在热带或亚热带地区。这种茶树以其高大的植株和显著的主干著称,其分枝部位较高,且分布相对稀疏;叶片宽大,多数品种的叶片长度超过14厘米;结实率低,抗逆性弱,尤其是在抗寒能力方面表现不佳;芽头粗大,芽叶中茶多酚类物质含量高。

图 3-1-2 乔木型茶树

（二）半乔木型茶树

半乔木型茶树(见图3-1-3),作为茶树演化过程中的一种中间形态,主要分布在亚热带或热带地区。相较于乔木型茶树,半乔木型茶树展现出更强的抗逆性,能够更好地适应多变的环境条件;植株较高大,从植株基部至中部主干明显,植株上部主干不明显。半乔木型茶树的分枝较稀疏,叶片长度一般为10—14厘米,叶片的栅栏组织通常为两层。

图 3-1-3 半乔木型茶树

（三）灌木型茶树

灌木型茶树（见图3-1-4）属于进化后的茶树类型，主要分布于亚热带地区，其包含的茶叶品类最多，产茶区地理分布广，茶类适制性较强。灌木型茶树的植株普遍低矮，分枝部位低，从基部分枝；无明显主干，分枝密；叶片小，叶片长度变异范围大，为2—14厘米；叶片栅栏组织为2—3层；结实率高，抗逆性强；芽中氨基酸含量高。

图 3-1-4 灌木型茶树

二、茶叶的分类

中国茶文化博大精深，源远流长。我国产茶区分布广泛，茶树品种繁多，相关制茶工艺也在漫长的历史发展过程中得到了不断革新，以此为基础，我国历代茶人创造性地研制了多种多样的茶叶。

目前，世界上还没有统一的、规范的关于茶叶的分类方法。常见的茶叶分类方法包括以下几种。

（一）根据产地地理情况分类

1. 平地茶

平地茶的芽叶相对较小，叶片薄且坚韧，芽叶展开后叶片平整，叶色黄绿，欠光润。使用平地茶加工而成的茶叶身骨较轻、条索细瘦，其茶汤香气清淡、滋味淡薄。平地茶园如图3-1-5所示。

图 3-1-5　平地茶园

2.高山茶

茶树有喜温、喜湿、耐阴的习性,故有"高山出好茶"的说法。高山茶的芽叶肥硕,色绿,茸毛丰富。加工后的茶叶条索紧结、肥硕,白毫显露,其香气浓郁而持久,且耐冲泡。高山茶园如图3-1-6所示。

图 3-1-6　高山茶园

(二)根据茶叶外形分类

基于制成后的外形,可以将茶叶分为长条形茶、卷曲条形茶、针形茶、扁形茶、尖形茶、螺钉形茶、团块形茶、花朵形茶、珠形茶、束形茶、颗粒形茶、片形茶等,如图3-1-7所示。

图 3-1-7　外形各异的茶叶

（三）根据采收季节分类

1. 春茶

春茶是指在立春之后五月中旬之前采制的茶叶,如图3-1-8所示,其具体的开采时间会受到当年气候转暖的快慢的影响。春季茶树树梢芽叶肥硕,叶片呈翠绿色,叶质柔软、鲜嫩。春茶茶汤的滋味鲜爽,香气馥郁,品质极佳。

图3-1-8　采春茶

2. 夏茶

夏茶是指在五月初之后七月初之前采制的茶叶。由于夏季气温较高,茶树的新梢芽叶生长迅速,但也容易老化。这使得夏茶的茶汤带有一定的苦涩味,香气不如春茶浓烈。

3. 秋茶

秋茶是指在八月中旬后十月霜降前采制的茶叶。此时茶树经过春、夏两季的生长和采摘,叶片大小不一,质地较为脆弱,色泽偏黄。秋茶的茶汤滋味、香气较为平和。

4. 冬茶

冬茶大约在十月下旬霜降以后开始采制。此时茶树新梢芽叶生长速度减缓,内含物质得以充分积累。冬茶的茶汤醇厚、富有层次,香气浓郁而持久。

（四）中国传统六大茶类

在划分出的众多茶类中,中国传统六大茶类因其广泛的应用、较高的权威性及认知度脱颖而出。中国传统六大茶类是根据茶叶的制作方法以及茶多酚氧化程度(发酵程度)的不同来区分的,包括绿茶、白茶、黄茶、乌龙茶、黑茶和红茶。

1. 绿茶

绿茶叶绿汤清,如图3-1-9所示,属于不发酵茶,茶汤清香、醇美、鲜爽。其外形多种多样,主要有条形、针形、扁形、螺形、尖形、片形、束形、毛峰、毛尖、卷曲形、圆珠形、单芽形等。

Note

图 3-1-9　绿茶

2. 白茶

　　白茶的干茶色白隐绿,如图 3-1-10 所示,属于轻微发酵茶,茶汤呈黄白色,滋味鲜醇、清香甘美。白茶的主要产地有福建福鼎、建阳、政和、松溪等地。白茶可分为白芽茶和白叶茶。

图 3-1-10　白茶

3. 黄茶

　　黄茶叶黄汤黄,如图 3-1-11 所示,属于轻微发酵茶,茶汤甘香、醇爽,其基本制作工艺与绿茶相似。黄茶可分为黄芽茶、黄小茶、黄大茶三类。

图 3-1-11　黄茶

4.乌龙茶

乌龙茶属于半发酵茶,茶汤呈黄红色,清香,滋味醇厚。因其干茶呈青褐色,如图 3-1-12 所示,故又称"青茶"。

图 3-1-12　乌龙茶

5.黑茶

黑茶属于后发酵茶,叶底粗大,呈黑褐色,如图 3-1-13 所示,茶汤陈香醇厚。黑茶主供中国边疆少数民族消费,因此也被称为"边销茶"。

6.红茶

红茶叶红汤红,如图 3-1-14 所示,属于全发酵茶,茶汤香高、色艳,滋味浓厚、甘醇,似桂圆汤,部分红茶有松烟香味或花果香味。红茶可分为小种红茶、工夫红茶、红碎茶(切细红茶)、红砖茶(米砖茶)。

图 3-1-13　黑茶

图 3-1-14　红茶

三、茶叶的审评

(一)茶叶审评的操作流程

茶叶审评的操作流程包括:取样—评外形—称样—冲泡—评汤色—闻香气—尝滋味—看叶底。

（二）外形审评

外形审评包括对茶叶的形态、色泽、整碎、肥瘦、大小、净度、粗细、长短、嫩度（级别），以及茶叶的产区、品种、生产日期等进行审评。

（三）汤色审评

汤色审评的内容包括茶汤的色度、亮度、清澈度等。不同的季节、光线、气温以及汤温等，会影响汤色的呈现。图 3-1-15 为红茶的几种汤色。

图 3-1-15　红茶的汤色

（四）香气审评

香气审评是指通过嗅闻冲泡后茶叶散发的香味状况，如纯异、香型、浓淡、鲜陈、持久性等方面，对茶叶进行审评。

（五）滋味审评

茶汤滋味是指通过人的味觉就能感受到的、能够辨别出的味道。此外，人舌各部位的味蕾对不同滋味的敏感度不同，如舌尖易感受酸味，舌心对鲜味最敏感，近舌根部位易辨别苦味。滋味审评的内容包括汤质的纯异、浓淡、醇涩、鲜陈、爽滞等。

（六）叶底审评

叶底，如图 3-1-16 所示，是指茶叶经冲泡后留下的茶渣。叶底审评的内容包括茶渣的嫩度、色泽、整碎、大小、净度等。

图 3-1-16　茶的叶底

| 他山之石 |

茶叶的特别分类方法

1.按茶叶的存放时间分类

(1)老茶,是指陈放多年的茶,茶汤色红。常见的老茶有云南普洱茶、安溪铁观音等。

(2)新茶,是指由春季茶树头几批采摘的鲜叶制成的茶叶。

2.按茶叶的形态和制作工艺分类

(1)团茶,是指挤压成块的茶,如古代的"龙团""凤饼",现代的饼茶、砖茶、沱茶等。

(2)散茶,是指一叶一叶散开的茶,如常见的绿茶、红茶等。

3.按茶叶的烘焙温度分类

(1)生茶,烘焙温度低,保留了茶胚原有的清香。

(2)半熟茶,烘焙温度较高,呈浓香。

(3)熟茶,经过高温、长时间烘焙,改变了部分茶性,呈熟果香。

(资料来源:http://www.360doc.com/content/18/0809/12/36905970_776843747.shtml。)

| 素养提升 |

西南茶马古道

西南茶马古道延续了一千多年之久,从隋唐时期设立互市开始,宋朝确立榷茶制,元朝修驿路,明朝开碉门,清朝兴滇茶,各族人民共同书写了悠久而辉煌的古道历史。

西南茶马古道是经济贸易之路,更是文化交流之路。西南各民族共同创造的灿烂的茶马文化,为古道注入了饮茶爱茶、开拓进取、包容互鉴、和平共处等文化内涵,塑造了古道的鲜明特色和独特魅力。

西南茶马古道的千年往事,集中印证了我国西南地区各民族共同开拓辽阔疆域、共同书写悠久历史、共同创造灿烂文化、共同培育伟大精神的文明进程。

(资料来源:刘礼堂、陈韬,《西南茶马古道:中华民族共同体意识的千年回响》,载《光明日报》,2022年10月10日。)

润物无声:民族自豪感;中国茶文化;自信、包容、互鉴

茶余课后

教师准备六款茶叶,并将学生分为两个小组。教师冲泡第一款茶叶,并为每位同学倒一杯,让两个小组的学生猜一猜刚刚喝过的茶属于哪一类茶,比一比哪一组最先猜对。最先猜对的小组记一分。之后教师依次冲泡其余五款茶叶,将得分累计,最终

Note

算出哪一组获胜。获胜的小组将获得教师赠送的茶叶礼包;对于另一组的学生,教师可以赠送某一款茶叶作为鼓励。

评价标准

教学评价	评价标准	标准分值	个人评价(10%)	小组评价(30%)	校内外教师评价(60%)	得分合计
课堂纪律(30%)	出勤率	15分				
	课堂纪律	15分				
项目评价(50%)	自主学习能力	5分				
	操作能力	35分				
	处理特殊情况的能力	5分				
	对客服务意识	5分				
团队协作能力(20%)	参与团队任务的积极程度	10分				
	小组分工配合程度	10分				

任务二　认识绿茶

任务目标

学生通过本任务的学习,掌握绿茶的相关基础知识。学习绿茶的概念、特点、起源、制作工艺、产地分布、鉴别方法、功效等。了解绿茶名品,包括茶品的外形特征、制作工艺、气味特点等。

任务描述

目前,绿茶是中国茶中种类最多、产量最大、观赏性最强的一类茶,也是我国饮用史最长的茶类,其源远流长的历史可以追溯到两千多年前。绿茶的独特之处在于其未经发酵的处理工艺,这一特点使得绿茶能够最大限度地保持茶叶的原始风味。绿茶具有色鲜、香高、味醇、形美等特点。因其干茶在冲泡后的色样和茶汤的颜色均为淡绿色,故名"绿茶"。

任务分析

本任务主要帮助学生了解绿茶的基础知识,使学生具备对绿茶的基本认知,提高对绿茶名品的品鉴能力。

教学视频
▼

绿茶种类
和名品
鉴赏

教学视频
▼

绿茶冲泡
流程

🍵 任务准备

准备冲泡用水、茶具、多款绿茶以及绿茶相关资料。

🍵 任务实施

一、绿茶的概念

绿茶,如图3-2-1所示,是由采自茶树的新叶或芽经过杀青、揉捻、干燥等工艺制成的茶叶,未经发酵。绿茶的特点是汤清叶绿,其干茶色泽和冲泡后的茶汤、叶底均以绿色为主调,故名"绿茶"。

图3-2-1　绿茶

二、绿茶的特点

(1)汤清叶绿,有着自然宜人的清香,茶汤鲜醇爽口、回味甘甜。

(2)在制作绿茶的过程中,较多地保留了鲜叶中的天然物质,如保留了鲜叶85%以上的茶多酚和咖啡因,保留约50%的叶绿素,维生素的损失也相对较少。这些成分共同赋予了绿茶"汤清叶绿,滋味收敛性强"的特色。

(3)科学研究证实,绿茶中所保留的天然物质对人体的健康益处是其他茶类难以比拟的。

(4)绿茶名品众多,不但茶汤香高、味长,品质优异,而且在造型上也各具特色,具有较高的艺术观赏价值。

三、绿茶的起源

绿茶是中国历史上最早出现的茶类。早在三千多年前,古人便开始采集野生茶树的芽叶,通过晒干的方式进行保存,这标志着绿茶加工技术的初步形成。但真正意义上的绿茶加工,是从8世纪发明蒸青制法开始的。进入12世纪,炒青制法应运而生,绿茶加工技术逐渐成熟。这些传统制法一直沿用至今,并不断发展完善。

Note 🍵

四、绿茶的制作工艺

绿茶的制作工艺包括鲜叶（茶菁）采摘、杀青、揉捻、干燥等。

（一）鲜叶采摘

需要注意的是，必须精心选择品种优良的茶树，并进行妥善的栽培管理。鲜叶采摘（见图 3-2-2）的时机和方法对鲜叶的品质有着显著影响，采摘后的鲜叶需要及时处理，以免自然氧化。

图 3-2-2　鲜叶采摘

（二）杀青

根据干燥和杀青方式的不同，绿茶可分为炒青绿茶、烘青绿茶、晒青绿茶、蒸青绿茶等。

1. 炒青绿茶

炒青绿茶是通过高温锅炒杀青和锅炒干燥的绿茶。在炒制过程中，通过手法的不断变换和机械力的作用，如图 3-2-3 所示，将绿茶制成各种形状，如长条形、圆柱形、扇形、针形、螺形等。根据外形的不同，炒青绿茶又可进一步细分为长炒青、圆炒青、扁炒青等。炒青绿茶的代表有西湖龙井、碧螺春、信阳毛尖（见图 3-2-4）等。

图 3-2-3　炒茶

图 3-2-4　信阳毛尖

2. 烘青绿茶

鲜叶经杀青、揉捻造型后，以烘焙方式进行干燥，这样所制成的绿茶称为"烘青绿茶"。

大部分烘干后的毛茶在进行精加工后，会作为茶坯用于窨制花茶：利用茶叶的吸附性，加入鲜花，待鲜花释放香味，经过合理搅拌和窨制，最终制成既融入花香又保持茶香的成品花茶。

特种烘青绿茶的代表有黄山毛峰（见图3-2-5）、六安瓜片（见图3-2-6）、天山绿茶（见图3-2-7）、峨眉毛峰（见图3-2-8）等。

图3-2-5　黄山毛峰

图3-2-6　六安瓜片

图3-2-7　天山绿茶

图3-2-8　峨眉毛峰

3. 晒青绿茶

将鲜叶杀青、揉捻后，利用日光晒干制成的绿茶称为"晒青绿茶"，如图3-2-9所示。晒青绿茶的制作时间通常较长，在过程中没有非自然因素的破坏，所以能够最大限度地保留茶叶内的天然物质。

晒青绿茶根据其产地的不同，可以分为不同品种，如滇青、川青、陕青等，其中，由云南大叶种茶树的鲜叶制成的滇青品质最好，可以作为原料用于制作沱茶和普洱茶。

图 3-2-9   晒青绿茶

4. 蒸青绿茶

利用高温蒸汽进行杀青,所制成的绿茶称为"蒸青绿茶",如图 3-2-10 所示。这种加工方法能够有效地破坏鲜叶中的酶活性,从而形成蒸青绿茶的"三绿"特征:干茶色泽深绿、茶汤浅绿、叶底青绿。蒸青绿茶香气较为内敛,其外形多呈针状,冲泡后的茶汤颜色清澈、明亮,观赏性极高,但涩味稍重。

图 3-2-10   蒸青绿茶

(三)揉捻

揉捻,如图 3-2-11 所示,是对绿茶进行塑形的一道重要工序。揉捻既可以减小茶叶的体积,为茶叶干燥、成形奠定基础,也可以使茶叶显现出不同的形态,还可以适当破坏部分叶细胞,使茶汁溢出并黏附于叶表,令茶叶更加香醇。

图 3-2-11   揉捻

（四）干燥

干燥,如图 3-2-12 所示,是对绿茶进行整形的一道工序。在干燥过程中,经过揉捻的茶叶被细致整理,以改善其外形,茶叶中多余的水分被有效蒸发,既能激发茶香,也便于运输和储存。

图 3-2-12　干燥

五、绿茶的产地分布

绿茶,是我国产量最大的茶类,也是生产花茶的基础原料。绿茶广泛分布于我国各个产茶区,其中浙江、安徽、江西三地的绿茶最为突出,不仅产量丰富,而且品质上乘,这三地也成为我国绿茶生产的核心区域。在国际市场上,ITC(国际茶叶委员会)发布的《年度统计公报(2021)》的相关数据显示,2020 年中国茶园种植面积稳居全球首位,中国茶园种植面积规模约为印度(排名第二)的 5 倍,呈断层式领先优势。中国海关的相关统计数据显示,2020 年中国茶叶出口总量约 36.94 万吨,出口金额约 141.64 亿元。我国绿茶贸易量占国际绿茶贸易量的 70% 以上,销量遍及 50 多个国家和地区。而中国绿茶内销量约 127.9 万吨,约占中国茶叶内销总量的 58.1%。

中国茶区主要分布于北纬 18°—37°、东经 94°—122°,可以将其大致分为江南茶区、江北茶区、西南茶区和华南茶区四大茶区,见表 3-2-1。

表 3-2-1　中国四大茶区

茶区	地理位置	名茶代表
江南茶区(绿茶主产区,中国名优绿茶最多的茶区)	位于长江中下游南部	如西湖龙井、黄山毛峰、洞庭碧螺春、庐山云雾等
江北茶区(中国最北的茶区,主产绿茶)	位于长江中下游北岸	如六安瓜片、信阳毛尖、崂山绿茶等
西南茶区(中国最古老的茶区,拥有丰富的茶树品种资源)	位于中国西南部	如蒙顶甘露、竹叶青、都匀毛尖等
华南茶区(中国最适宜茶树生长的地区,茶资源极为丰富)	位于中国南部	如海南白沙绿茶等

六、茶叶的识别

（一）观其色

绿茶的茶汤色泽可以最直观体现绿茶的特征,如图3-2-13所示。不同的品种和制作工艺会使绿茶茶汤呈现出多样的色泽变化,或碧绿,或深绿,或黄绿,或白中透绿。

图 3-2-13　绿茶茶汤

（二）查其形

由于制作方法多样,绿茶的干茶也呈现出多样的外形特征,或细长如针,或扁平如剑,或卷曲如珠,或螺旋如螺,每一种形态都是对茶叶制作工艺的生动诠释。

（三）闻其香

绿茶的香气是绿茶的灵魂。不同的绿茶因其品种和制作工艺的差异,呈现出独具特色的香气,或为板栗香,或为奶油香,或为清香。香气是绿茶品质的直接体现,也是品茶者在选择茶叶时的重要考量因素。

七、绿茶的功效

绿茶被誉为“国饮”。大量现代科学研究证实,绿茶中含有丰富的生物活性成分,对人体健康具有多方面的积极影响。绿茶不仅能提神醒脑、清热解暑,还能助消化、化痰、去腻、减肥,具有清心除烦、解毒醒酒、生津止渴、降火明目、止痢除湿等作用。绿茶具有药理作用的主要成分是茶多酚、咖啡因、脂多糖、茶氨酸等,适量饮用绿茶,对人体益处较多。

八、绿茶名品鉴赏

（一）西湖龙井

1. 佳茗简介

西湖龙井居中国名茶之冠,产自浙江省杭州市西湖区。杭州不仅因风景旖旎的西湖而闻名于世界,更因其出产的西湖龙井而名声远播。西湖龙井拥有超过1200年的悠久历史,位列中国十大名茶之首,因产自中国杭州西湖的龙井茶区而得名,以“色翠、香郁、味甘、形美”四绝著称。

　　制作西湖龙井需要经过几道精细的工序,分别为鲜叶采摘、摊放、青锅、回潮、辉锅、分筛、挺长头、归堆、收灰。每道工序都至关重要,其中极为关键的工序是青锅和辉锅。传统的西湖龙井制作采用七星柴灶,火候十分讲究,素有"七分灶火,三分炒"的说法。

　　2.香茗品鉴

　　西湖龙井的感官品质评定主要通过"干看外形,湿看内质",从外形特征、香气特征、茶汤特征、叶底特征等方面进行细致观察和品鉴。

　　(1)外形特征。

　　通过观察西湖龙井的外观,如图3-2-14所示,我们可以对其制作工艺的精细程度和茶叶的品质进行初步判断。观察的内容包括西湖龙井的嫩度、整碎、色泽、净度等。西湖龙井以扁平光滑、挺秀尖削、均匀整齐、色泽翠绿为佳品。反之,若外形松散粗糙、身骨轻飘、筋脉显露、色泽枯黄,则表明其品质不佳。

图3-2-14 西湖龙井

　　(2)香气特征。

　　香气是指茶叶冲泡后随水蒸气挥发出来的气味,由多种芳香物质组成。优质的西湖龙井在冲泡时,会随着水蒸气的升腾散发出一种鲜纯的嫩香,这种香气清醇而持久,给人以愉悦的感受。

　　(3)茶汤特征。

　　西湖龙井的茶汤,如图3-2-15所示,其色泽和滋味是品鉴的两个重要方面。理想的茶汤应呈现出清澈明亮的色泽,若为深黄的汤色,通常意味着其品质稍逊。在滋味上,鲜醇和甘爽是优质西湖龙井的标志。茶汤的滋味与香气紧密相关,香气出众的茶叶,其茶汤滋味往往更加鲜爽;而香气不足的茶叶,其茶汤可能会带有苦涩味或粗青感,影响整体的品饮体验。

图 3-2-15　西湖龙井茶汤

（4）叶底特征。

叶底，即冲泡后所剩余的茶叶。西湖龙井叶底芽与嫩叶含量的比例以及叶质的老嫩度可以体现出西湖龙井的品质。品质较好的西湖龙井，其叶底芽叶细嫩成朵、均匀整齐、嫩绿明亮，如图 3-2-16 所示；品质较差的西湖龙井，其叶底暗淡、粗老、单薄。

图 3-2-16　西湖龙井叶底

（二）洞庭碧螺春

碧螺春，是有着超过千年历史的炒青绿茶，是中国十大名茶之一。碧螺春的主要产区位于江苏省苏州市吴中区太湖的东洞庭山和西洞庭山一带，因此得名"洞庭碧螺春"。清康熙年间（1662—1722 年），碧螺春成为贡茶。高级碧螺春在先冲水后放茶的情况下，依然可以缓缓沉降，这一现象是茶叶芽头壮实、品质上乘的体现，这也是其他茶类难以比拟的。民间将碧螺春描述为"铜丝条，螺旋形，浑身毛，一嫩（芽叶嫩）三鲜（色鲜、香鲜、味鲜）自古少"。制作碧螺春的主要工艺流程包括杀青、揉捻、搓团显毫、烘干。

洞庭碧螺春独具特色，驰名中外，其不仅在国内市场上备受推崇，还远销至日本、新加坡、美国、德国等国家和地区。洞庭碧螺春的品质特征显著,包括:十茶条索纤细,茸毛遍布,白毫隐翠;茶汤颜色嫩绿、明亮,为清香,饮后有回甘,如图3-2-17所示。

图 3-2-17　洞庭碧螺春

(三) 黄山毛峰

黄山毛峰属于烘青绿茶,是中国十大名茶之一,主要产自安徽黄山(徽州)一带,因此又称为"徽茶"。黄山毛峰的制作工艺的主要流程包括鲜叶采摘、杀青、揉捻、初烘、足烘。

如图3-2-18所示,黄山毛峰的外形特征十分显著:叶片细嫩,微微卷曲,带有锋毫,形似雀舌,色泽金黄,故有"金黄片"之称;整体呈现出嫩绿油润的象牙色,令人赏心悦目。黄山毛峰茶汤的香气清新而持久,汤色清澈,呈杏黄色,滋味醇厚且带有回甘,叶底厚实、成朵。特别是细嫩的黄山毛峰,在经过开水冲泡后,其芽叶会先竖直悬浮于汤中,然后缓缓下沉,宛若春兰待放,颇具观赏之趣。黄山毛峰以芽叶细嫩、多毫,茶汤香高、味醇为特色,饮誉海内外。

图 3-2-18　黄山毛峰

Note

（四）安吉白茶

安吉白茶,如图3-2-19所示,是有着近千年历史的宝贵茶种,产自浙江湖州安吉。安吉地处浙江的西北部,土地肥沃。

图3-2-19　安吉白茶

安吉由汉灵帝所赐名,借用《诗经》中的"安且吉兮"之意。唐朝陆羽的《茶经》中与安吉白茶相关的记载包括"浙西,以湖州上……生安吉、武康二县山谷,与金州、梁州同""《永嘉图经》:'永嘉县东三百里有白茶山'"。宋朝赵佶的《大观茶论》中记载:"白茶自为一种,与常茶不同。其条敷阐,其叶莹薄,崖林之间,偶然生出,虽非人力所可致,有者不过四五家,生者不过一二株,所造止于二三胯而已。芽英不多,尤难蒸焙……"这些史料,充分说明安吉白茶的弥足珍贵。安吉白茶的等级标准见表3-2-2。

表3-2-2　安吉白茶的等级标准

级别	外形（30%）		汤色 （10%）	香气 （25%）	滋味 （25%）	叶底 （10%）
	"龙形"	"凤形"				
精品	扁平,光滑,挺直,尖削,嫩绿,显玉色,匀称,无梗,无黄片	条直显芽,芽壮实,嫩绿,鲜活,泛金边,匀称,无梗,无黄片	嫩绿、明亮	嫩香且持久	鲜醇、甘爽	叶白,脉翠,一芽一叶初展,芽长于叶
特级	扁平,光滑,挺直,嫩绿,带玉色,匀称,无梗,无黄片	条直有芽,嫩绿,泛玉色,匀称,无梗,无黄片	嫩黄、明亮	嫩香且持久	鲜醇	叶白,脉翠,一芽一叶
一级	扁平,尚光滑,尚挺直,嫩绿,油润,尚匀称,略有梗,略有黄片	条直有芽,嫩绿,油润,较匀称,略有梗,略有黄片	尚嫩绿、明亮	清香	醇厚	叶白,脉绿,一芽二叶
二级	尚扁平,尚光滑,嫩绿,尚油润,尚匀称,略有梗,略有黄片	条直,色绿,油润,尚匀称,略有梗,略有黄片	绿、明亮	尚清香	尚醇厚	叶尚白,脉绿,一芽二叶或三叶

（五）六安瓜片

1. 佳茗简介

六安瓜片,又称"片茶",属于绿茶特种茶类,被授予"国家级历史名茶"的称号,是

中国十大名茶之　。六安瓜片鲜叶采自当地特有茶树品种,如图3-2-20所示,先经过扳片、剔去嫩芽及茶梗等工序,再经过独特的传统加工工艺,最后制成形似瓜子的片形茶叶。

图3-2-20　六安瓜片鲜叶

六安瓜片具有深厚的历史底蕴和丰厚的文化内涵。唐朝陆羽的《茶经》中已有六安茶的相关记载。明朝科学家徐光启在其著作《农政全书》中写道:"六安州之片茶,为茶之极品。"明朝李东阳、萧显、李士实三位名士在《咏六安茶》中也提及"七碗清风自六安……陆羽旧经遗上品",给予六安瓜片极高的评价。六安瓜片在清朝被列为"贡品"。近代以来,六安瓜片曾有一段时间被指定为中央军委特供茶。1971年,美国前国务卿基辛格第一次访华,六安瓜片作为国家级礼品被馈赠给外国友人。可见,六安瓜片在中国名茶史上一直占据着显著的位置。

六安瓜片驰名古今中外,还得益于其在产地、工艺等方面的优势。其主产地革命老区金寨县,地处大别山北麓,高山环抱,云雾缭绕,气候温和,生态植被良好,使得六安瓜片成为名副其实的在大自然中孕育而成的绿色饮品。同时,在采摘鲜叶方面也与众不同,由茶农采摘茶枝嫩梢的壮叶,因而,其叶片肉质醇厚,营养最佳。六安瓜片也是我国绿茶中唯一去梗去芽的片茶。

2. 香茗品鉴

根据品质特征,六安瓜片可以分为名片、一级、二级、三级四个等级。成品六安瓜片与其他绿茶有着显著的区别,如图3-2-21所示,其叶缘向背面翻卷,呈瓜子形,色泽宝绿,大小匀称。每一片六安瓜片不带芽和茎梗,微向上重叠,内质香气清高。假的"六安瓜片"往往色泽较黄,其茶汤味道较苦。六安瓜片宜用开水沏泡,沏茶时雾气蒸腾,清香四溢;冲泡后茶叶形如莲花,汤色清澈、晶亮,叶底嫩绿,气味清香,滋味鲜醇、回甘。六安瓜片的耐泡性极佳,其中二道茶的香味最好,清香四溢。

Note

（a）   （b）

图 3-2-21   六安瓜片干茶与茶汤

（六）庐山云雾茶

1. 佳茗简介

庐山，被誉为"匡庐奇秀甲天下"，坐落于江西九江，以其险峻的山峰、云雾缭绕的美景而闻名。庐山拔地而起，临江而立，北望长江，南接鄱阳湖，主峰汉阳峰高耸入云，海拔高达 1474 米。山中多断崖陡壁，峡谷深幽，云雾变幻莫测，春夏之交，白云常绕山腰，时而如薄纱般轻柔，时而如瀑布般从山峰"直泻而下"，形成壮观的"瀑布云"景象。庐山的云雾既为山峰增添了神秘色彩，也孕育出了闻名遐迩的庐山云雾茶。

依据古籍，庐山的种茶历史可以追溯至晋朝。到了唐朝，庐山成为文人雅士的聚集地，茶叶生产随之兴盛。相传，大诗人白居易曾在庐山香炉峰下结庐而居，种植茶树和药草。宋朝时，庐山云雾茶被列为"贡茶"。1959 年，朱德同志在庐山品尝了庐山云雾茶后，欣然作诗称颂道："庐山云雾茶，味浓性泼辣，若得长时饮，延年益寿法。"

庐山云雾茶以其卓越的品质和独特的风味，赢得了全世界茶友的青睐，不仅在中国国内市场广受欢迎，其销售网络还拓展至国际市场，远销至日本、韩国、德国、美国、英国等国家和地区。随着庐山旅游业的蓬勃发展，庐山云雾茶的知名度和需求量持续上升。游客们在领略庐山的自然风光和深厚文化的同时，也纷纷将庐山云雾茶作为珍贵的纪念品和礼物馈赠亲友。

2. 香茗品鉴

庐山云雾茶以条索粗壮、青翠多毫、汤色明亮、叶嫩匀齐、香高持久、醇厚味甘"六绝"而久负盛名。庐山云雾茶的干茶外形饱满，色泽碧嫩、光滑，芽隐露，如图 3-2-22 所示。茶汤幽香如兰，耐冲泡，饮后有回甘。仔细品尝后可以发现，庐山云雾茶的茶汤虽色如沱茶，其滋味却比沱茶清淡，宛若碧玉盛于碗中，如图 3-2-23 所示。

Note

图 3-2-22　庐山云雾茶干茶

图 3-2-23 庐山云雾茶茶汤

他山之石

安吉白茶的传说

与安吉白茶的茶树品种有关的记载,可以追溯至宋朝。宋徽宗赵佶在《大观茶论》中,有一节专记白茶——"白茶自为一种,与常茶不同。其条敷阐,其叶莹薄,崖林之间,偶然生出,虽非人力所可致,有者不过四五家,生者不过一二株,所造止于二三胯而已。芽英不多,尤难蒸焙;汤火一失,则已变而为常品。须制造精微,运度得宜,则表里昭彻,如玉之在璞,它无与伦也。"

关于安吉白茶还有一段传说。据湖州市安吉县天荒坪镇大溪村的桂全宝老人讲述,其祖上十代在移居安吉时,白茶谷就存有一大一小两棵白茶树,被称为"白茶祖",一直是桂家私产,桂家人精心呵护"白茶祖"200余年。20世纪50年代,"白茶祖"中小的那棵因被好事者移栽后死亡,留下那棵大的"白茶祖"。"白茶祖"在安吉有着十分特殊的地位。当地山民视"白茶祖"为"神茶",每逢去杭州等外地卖茶,就会在"白茶祖"上摘几片白茶鲜叶用作对比,证明当地茶的品质,因而他们的生意非常畅销。

安吉的白茶树为茶树的变种,极为稀有。1930年,人们于安吉发现野生白茶树。安吉的《孝丰县志》记载,在安吉孝丰的马铃冈曾发现野生白茶树数十棵,"枝头所抽之嫩叶色如玉,焙后微黄,为当地金光寺庙产",其后不知所终。

（资料来源:http://www.tea7.com/baike/393.html。）

素养提升

恩施茶文化

恩施既是巴楚文化的发祥地之一,也是中国茶文化的发祥地之一,保存

Note

了原生态的民族茶食、茶饮、茶俗、茶事、茶礼,创造了丰富的恩施硒茶文化。恩施近年来出版了《恩施玉露》《饮茶起源及茶树栽培起源地研究》等专著,创作了《六口茶》《利川红》等茶文艺作品,对恩施玉露制作技艺、利川红茶制作技艺、伍家台贡茶制作技艺等非遗申请了保护,建设起恩施玉露博物馆、伍家台贡茶文化产业园、湖北恩施学院硒茶学院等。

越是民族的,就越是国际的。恩施通过多媒体积极宣传恩施的茶历史、茶文化、茶故事,把恩施具有民族特色的茶宴、茶会推广出去,加强恩施茶品牌在国际市场上的吸引力和文化辨识度。

丰富的民族文化、地域文化、茶文化为恩施下一步拓展国际市场提供了丰厚的文化滋养,借助"三产融合",其品牌打造、效益增值的潜力巨大。

（资料来源:赵光辉,《湖北恩施州:外贸出口量十年增七倍》,载《中华合作时报 茶周刊》,2024 年 1 月 24 日。）

润物无声:
文化传承;
民族精神;
产业兴国

茶余课后

教师准备六款绿茶,并将学生分为两个小组。教师冲泡第一款绿茶,并为每位学生倒一杯,让两个小组的学生猜一猜刚刚喝过的茶是哪种绿茶,比一比哪一组最先猜对,最先猜对的小组记一分。之后教师依次冲泡其余五款绿茶,让每位学生品尝并做出猜想,将得分累计,算出哪一组获胜。获胜的小组将获得教师赠送的茶叶礼包;对于另一组学生,教师可以赠送某一款茶叶作为鼓励。

评价标准

教学评价	评价标准	标准分值	个人评价（10%）	小组评价（30%）	校内外教师评价（60%）	得分合计
课堂纪律（30%）	出勤率	15分				
	课堂纪律	15分				
项目评价（50%）	自主学习能力	5分				
	操作能力	35分				
	处理特殊情况的能力	5分				
	对客服务意识	5分				
团队协作能力（20%）	参与团队任务的积极程度	10分				
	小组分工配合程度	10分				

任务三　认识乌龙茶

🍵 任务目标

学生通过本任务的学习,掌握乌龙茶的相关基础知识,包括乌龙茶的起源、概念、特点、制作工艺、种类等。了解乌龙茶名品,包括茶品的外形特征、制作工艺、气味特点等。

🍵 任务描述

乌龙茶属于青茶,是一种半发酵茶,适度的发酵处理赋予其独特的品质。在乌龙茶的制作工艺中,鲜茶会经历轻微的氧化,导致叶片边缘红变。乌龙茶平衡了绿茶的清新爽口和红茶的醇厚芬芳,其因独特的口感而受到了茶友们的广泛欢迎和喜爱。

🍵 任务分析

本任务主要帮助学生了解乌龙茶的基础知识,使学生具备对乌龙茶的基本认知,提高对乌龙茶名品的品鉴能力。

🍵 任务准备

准备冲泡用水、茶具、多款乌龙茶以及乌龙茶相关资料。

🍵 任务实施

一、乌龙茶概述

一般而言,人们对茶叶的认知是"非绿即红"。而乌龙茶,这种介于绿茶与红茶之间的茶类,不仅融合了红茶的醇厚香气与绿茶的清新爽口,还在外观上展现了绿叶边缘的微妙红变,形成了"绿叶红镶边"的特征,如图3-3-1所示。作为中国具有鲜明特色的茶类,乌龙茶主要产于我国广东东部,以及台湾和福建等地。虽然乌龙茶只是青茶家族中的一员,但其因香气独特、风味卓越,几乎成为青茶的代名词,深受茶友们的喜爱和推崇。

教学视频
▼

乌龙茶名品介绍

Note 🍵

图 3-3-1　乌龙茶

二、乌龙茶的起源

乌龙茶起源于福建,创制于1725年前后。说到乌龙茶的起源,就不得不提及乌龙茶的前身——北苑茶。北苑茶是宋朝著名的茶叶,也是福建最早的"贡茶"。

宋朝诗人苏轼在《咏茶诗》中写道:"君不见,武夷溪边粟粒芽,前丁后蔡相笼加,争新买宠各出意,今年斗品充官茶。"可见,早在宋朝,武夷岩茶(闽北乌龙茶的代表)已经成为"贡品"。而后在元大德六年(1302年),皇家于武夷九曲溪的第四曲溪边设置御茶园,制"龙团"五千饼单独入贡,武夷岩茶盛极一时。

乌龙茶不仅闻名于国内,在国际市场上也同样享有盛誉。威廉·乌克斯在《茶叶全书》中记载,1607年荷兰东印度公司首次将中国的茶叶(包括武夷岩茶),经中国澳门销往欧洲,武夷岩茶由此开始风靡海外。这一历史事件与《安溪茶歌》中描述的"西洋番舶岁来贾,溪茶遂仿岩茶制"相呼应。

三、乌龙茶的制作工艺

乌龙茶的制作工艺巧妙地融合了红茶和绿茶的制作原理,创造出了独特的半发酵法。在制作流程的初期,加工乌龙茶的工艺与加工红茶相似,首先对采摘的鲜叶进行晒青和萎凋,随后通过多次摇青过程,使得叶片经历适度的氧化,形成部分红变,这一过程赋予了乌龙茶独特的风味和香气。而在制作流程的后期,则与加工绿茶相似,经过高温锅炒、揉捻、干燥等步骤。乌龙茶是介于绿茶与红茶之间的一种半发酵茶。

乌龙茶的制作工艺包括鲜叶采摘、萎凋、摇青、炒青、揉捻、干燥/烘焙等。其中,摇青尤为关键,是乌龙茶制作工艺中不可或缺的一环。

(一)鲜叶采摘

乌龙茶的品质在很大程度上取决于鲜叶的质量,乌龙茶的鲜叶采摘,如图3-3-2所示,遵循"三叶开面采"的原则,即当顶叶芽形成时,采摘顶芽开面的二三叶或三四叶,采摘时不是掐断茶梗,而是"蹭"断茶梗。

图3-3-2　鲜叶采摘

（二）萎凋

萎凋,如图3-3-3所示,是乌龙茶制作过程中的关键步骤,其主要目的是通过控制鲜叶的水分含量来促进其适当发酵,激活并增强鲜叶中酶的活性,提高鲜叶的韧性。

图3-3-3　萎凋

（三）摇青

摇青是指通过发酵,形成乌龙茶特有的香气和风味。在摇青过程中,鲜叶被放置于水筛上,如图3-3-4所示,通过不断地旋转、翻腾和相互摩擦,叶绿细胞被轻度氧化。这种氧化作用导致叶片边缘的细胞受损,进而出现红变,形成了乌龙茶标志性的"绿叶红镶边"现象,并且在此过程中鲜叶还会形成独特的花果香气。"翻江倒海出乌龙"说的便是乌龙茶制作工序中的手工摇青工艺。摇青是乌龙茶香气产生的关键工序。

在进行摇青时,必须遵循"循序渐进"的原则。在摇青的初始阶段,转速应由慢到快,力度由轻到重,摊放的鲜叶由薄到厚,时间由短到长,发酵程度也由浅入深。对于不同质地的鲜叶,摇青的方法也应有所区别。例如,嫩叶水分较多,适合充分萎凋后进行较少次数的摇青;而较为粗老的叶子,则需要较短时间的萎凋和更多次数的摇青。

图 3-3-4　摇青

（四）炒青

在炒青(见图3-3-5)环节中,鲜叶被置于预热至80℃以上的锅中,结合微火和高温,利用揉捻手法,促使鲜叶中的水分迅速蒸发,同时去除鲜叶中的青气。

图 3-3-5　炒锅炒青

（五）揉捻

乌龙茶成品的形状是球形还是条索形,主要取决于揉捻环节,如图3-3-6所示。揉捻时,力度的控制非常关键,并且应当有所变化。此外揉捻的速度要快,以防把鲜叶捻碎。

图3-3-6　揉捻

（六）干燥/烘焙

干燥/烘焙,如图3-3-7所示,是乌龙茶制作的最终环节,以确保鲜叶中的多余水分得到充分蒸发,从而减小茶叶的体积,固定其外形,并有效防止茶叶在储存过程中发生霉变。干燥/烘焙通常分为两个阶段:初干和再干。

图3-3-7　干燥/烘焙

四、乌龙茶的种类

（一）根据产地划分

根据产地的不同,乌龙茶可以划分为闽北乌龙茶、闽南乌龙茶、广东乌龙茶和台湾乌龙茶。

　　闽北乌龙茶以武夷岩茶为代表,其中"大红袍"最出名,其主要产区集中在福建武夷山、建瓯、建阳、水吉等地。武夷岩茶以其"岩韵"著称,而"大红袍"则以其稀有度和悠久的历史备受推崇。

　　闽南乌龙茶中,铁观音和奇兰(见图3-3-8)极具代表性,主要产自福建安溪。铁观音以其浓郁的香气和甘甜的口感受到广泛喜爱,奇兰则以其清新的兰花香独树一帜。

　　广东乌龙茶主要产自潮州凤凰山,凤凰单丛和凤凰水仙是这类乌龙茶的代表。

　　台湾乌龙茶的代表有著名的台湾冻顶乌龙茶(见图3-3-9)、文山包种茶等,其主要产区分布在台北、桃园、新竹、苗栗、宜兰等地。

图3-3-8　奇兰

图3-3-9　台湾冻顶乌龙茶

(二) 根据形状划分

　　乌龙茶以其多样的形状著称,常见的形态主要包括条索形和半球形。凤凰单丛,如图3-3-10所示,以其独特的香气和甘甜的回味,成为条索形乌龙茶的典型代表。铁观音,如图3-3-11所示,则以其浓郁的花香和悠扬的回味,成为半球形乌龙茶的典型代表。此外,团块形乌龙茶也颇具特色,如水仙饼茶等。束形乌龙茶同样引人注目,如八角亭龙须茶等。

图 3-3-10　凤凰单丛

图 3-3-11　铁观音

(三)根据发酵程度划分

乌龙茶的风味特性在很大程度上由其发酵程度所决定,发酵程度直接影响着茶汤的颜色、口感、香气等品质的表现。乌龙茶根据发酵程度的差异,可以分为以下不同类型。

1.轻度发酵茶

这类乌龙茶的发酵程度相对较低,大约为8%,其茶汤色泽和口感更接近于绿茶。文山包种茶,如图3-3-12所示,是台湾乌龙茶的代表之一,其发酵程度在乌龙茶中为最轻,为8%—10%,介于绿茶与冻顶乌龙茶之间,又称"清茶"。在轻度发酵茶的制作工艺中,焙火亦轻,十分接近绿茶制作工艺,这也使得轻度发酵茶在乌龙茶系中独树一帜。文山包种茶主要产自中国台北和桃园,其中,台北文山地区所产的茶叶品质最优,香气最佳,故得名。

Note

图 3-3-12　文山包种茶

2. 中度发酵茶

这类乌龙茶的发酵程度大约为40％，通常具有浓郁的香气，属于浓香型茶。许多传统的乌龙茶品种大多属于中度发酵茶，如经典的浓香型铁观音、武夷岩茶"肉桂"（见图 3-3-13）和凤凰单丛等。

图 3-3-13　武夷岩茶"肉桂"

3. 重度发酵茶

重度发酵的乌龙茶在其制作过程中会进行更多次数的摇青，发酵程度较高，通常在60％左右。

台湾有一款甚是出名的茶——"东方美人"，如图 3-3-14所示，是重度发酵乌龙茶中的佼佼者，一般发酵程度为60％。其外形枝叶连理，白毫显露，茶汤呈琥珀色，带蜂蜜香或熟果香，滋味甘甜、醇厚。

图 3-3-14 "东方美人"

五、乌龙茶名品鉴赏

（一）安溪铁观音

1. 佳茗简介

安溪铁观音,如图 3-3-15 所示,属于青茶类,是我国著名的乌龙茶,产自福建安溪。安溪铁观音历史悠久,被誉为"茶王"。安溪铁观音的起源可追溯至清雍正年间（1723—1735年）。安溪山峦起伏,气候温暖、湿润,雨量充沛,孕育出了大量品种丰富、品质卓越的茶树。安溪铁观音可供四季采摘,进而可以分为春茶、夏暑茶、秋茶、冬片,其中春茶的品质最为上乘。为了确保鲜叶的最佳品质,采茶工作通常选在晴朗且有北风的日子,于上午10点至下午3点进行,此时的气候条件有利于采摘到品质优良的鲜叶。

图 3-3-15 安溪铁观音

安溪铁观音的制作工艺与一般青茶的制作工艺基本相同,但其摇青转数较多,晾青时间较短。一般在傍晚前晒青,通宵摇青、晾青,次日晨间完成发酵,再经炒、揉、烘焙,历时一昼夜。其制作工序分为晒青、摇青、晾青、杀青、切揉、初烘、包揉、复烘、烘干九道工序。

教学视频
▼

铁观音的冲泡

Note

2.香茗品鉴

安溪铁观音是青茶中的佼佼者，多呈螺旋形、肥壮、匀整，色泽砂绿，整体形状似蜻蜓头、螺旋体、青蛙腿。冲泡后汤色清澈金黄似琥珀亮，如图3-3-16所示，有天然馥郁的兰花香，滋味醇厚，回甘悠久。安溪铁观音香高而持久，可谓"七泡有余香"。叶底开展，呈青绿色，带红边，肥厚，明亮，如图3-3-17所示。

图3-3-16　安溪铁观音茶汤　　　　图3-3-17　安溪铁观音叶底

（二）"大红袍"

1.佳茗简介

武夷岩茶产于闽北"秀甲东南"的名山——武夷山，这里的茶树扎根于岩缝之中。武夷岩茶兼具绿茶的清香与红茶的甘醇，是中国乌龙茶中的极品。其制法介于绿茶制法与红茶制法之间，形成了独特的半发酵茶特性。武夷岩茶的品种繁多，除了"四大名丛"——"大红袍""铁罗汉""白鸡冠""水金龟"，还有"水仙""乌龙""肉桂"等知名品种。

武夷岩茶品质独特，即便未经窨花工艺，其茶汤依然散发着浓郁的花香，甘甜，回味无穷。武夷岩茶于18世纪传入欧洲，备受当地人民的喜爱，有"百病之药"的美誉。

图3-3-18　"大红袍"

"大红袍"，如图3-3-18所示，作为闽北乌龙茶的翘楚，有"茶中之王"的美誉。

2.香茗品鉴

"大红袍"香气清爽，在品鉴茶汤前，可以深吸一口气，让茶香充盈整个口腔，再缓缓从鼻腔呼出，若能体会到淡雅而持久的幽香，此茶便是上等品。对于熟香型（足焙火）"大红袍"，是否具有果香和奶油香是评价其品质的重要标准。而对于清香型（轻焙火）"大红袍"，则以具有花香和蜜桃香的为佳。在品鉴茶汤时，"入口甘爽滑顺者美，苦、涩、麻、酸者劣，无质感、淡薄者为下品"。对苦涩味的平衡程度是评判岩茶品质的关键因素，一般来说，优质的岩茶可以经受多次冲泡,通常以八泡为标准。超过八泡依旧能保持香气和口感的岩茶,极为难得。有言道,品质卓越的"大红袍","七泡八泡有余香,九泡十泡余味存",意指即使经过多次冲泡,其独特的香气和余味依然能够持久留存。

(三)凤凰单丛

凤凰单丛,这款历史悠久的名茶产自广东潮州凤凰山,它是潮州地区特有的工夫茶,以其独特的品质和风味而闻名。凤凰单丛的干茶外形粗壮、挺直,茶汤金黄、有光泽、香气悠长,如图3-3-19所示。

图 3-3-19　凤凰单丛

(四)武夷"水仙"

武夷"水仙",如图3-3-20所示,属于武夷岩茶,具有多样性。具体体现在其精细的制作工艺上:根据烘焙程度的不同,武夷"水仙"可以分为轻火"水仙"、中火"水仙"和足火"水仙";根据采制季节的不同,武夷"水仙"有着春茶和冬片之分。

图 3-3-20　武夷"水仙"

▎他山之石 ▎

"大红袍"的由来

相传,明朝洪武十八年(1385年),举子丁显上京赴考,路过武夷山时突然

得病,腹痛难忍,这时巧遇天心永乐禅寺一和尚,和尚取其所藏茶叶,冲泡茶水,举子丁显饮后病痛即止。其考中状元之后,前来向和尚致谢,并问及茶叶出处。得知原委后,状元脱下大红袍,绕茶丛三圈,并将大红袍披在茶树上。随后,状元用锡罐装取些许茶叶带回京城。

状元回朝后,恰遇皇后得病,百医无效,状元便取出那罐茶叶献上,皇后饮后身体渐康。皇上大喜,赐红袍一件,命状元亲自前往九龙窠,将红袍披在茶树上以示隆恩,"大红袍"由此得名。同时,皇帝派人看管茶树,命采制的茶叶悉数进贡,不得私匿。在之后的很长一段时间,武夷"大红袍"成为专供皇家享用的"贡茶",颇负盛名。

(资料来源:https://www.wuyiu.edu.cn/tea/2018/0724/c1373a39975/page.htm。)

素养提升

拿得起、放得下,茶道即为人处世之道

俗话说,中国人开门七件事——柴、米、油、盐、酱、醋、茶。在"中国茶宴第一人"刘秋萍看来:柴是火焰拥抱热情;米是碳水化合物入肾经,人是"铁",饭是"钢",一顿不吃饿得慌;油调和万物,滋润肠道;盐入味、入肾经;酱入肺经;醋让食物有滋有味,入肝经;茶入心经、开心窍,由物质向文化,由文化向精神,由精神穿透灵魂,使我们轻盈、浪漫。

曾经有人向刘秋萍问及何为茶艺、茶技巧、茶道。刘秋萍说:"茶艺更多指的是程式上的动作,有人泡茶,有人喝茶,便结束了;茶技巧是让我们从'活着'走向'生活',生活有时很艰辛,若有一门泡茶的好手艺,便能给生活添滋加味,提升幸福感,而这片树叶也让我们有了归属感;至于何为茶道,简单通俗地说,倒茶有两个动作,即拿起和放下,理解了倒茶,便领悟了茶道。"

(资料来源:《走,跟秋萍吃茶去》,载《新民晚报》,2019年6月28日。)

▼
润物无声:
人生观;
价值观;
人文修养;
传统美德

茶余课后

教师准备六款乌龙茶,并将学生分为两个小组。教师冲泡第一款乌龙茶,并为每位学生倒一杯,让两个小组的学生猜一猜刚刚喝过的茶是哪种乌龙茶,比一比哪一组最先猜对,最先猜对的小组记一分。之后教师依次冲泡其余五款乌龙茶,让每位学生品尝并做出猜想,将得分累计,算出哪一组获胜。获胜的小组将获得教师赠送的茶叶礼包;对于另一组学生,教师可以赠送某一款茶叶作为鼓励。

评价标准

教学评价	评价标准	标准分值	个人评价(10%)	小组评价(30%)	校内外教师评价(60%)	得分合计
课堂纪律（30%）	出勤率	15分				
	课堂纪律	15分				
项目评价（50%）	自主学习能力	5分				
	操作能力	35分				
	处理特殊情况的能力	5分				
	对客服务意识	5分				
团队协作能力（20%）	参与团队任务的积极程度	10分				
	小组分工配合程度	10分				

任务四　认识红茶

🍵 任务目标

　　学生通过本任务的学习,掌握红茶的相关基础知识,包括红茶的起源、概念、特点、制作工艺、种类等。了解红茶名品,包括茶品的外形特征、制作工艺、气味特点等。

🍵 任务描述

　　我国茶叶种类繁多,饮用历史源远流长。随着时间的推移,中国茶的传播跨越国界,远销至欧洲大陆,并逐渐成为欧洲茶文化中的主导品种,尤其是红茶(Black Tea),在欧洲广受欢迎。

　　红茶属于全发酵茶,有着独特的制作工艺,在发酵过程中,鲜叶中的多酚类物质经过酶促氧化反应,生成茶红素、茶黄素等氧化产物,这一过程赋予红茶红汤、红叶、味甘等特点。

🍵 任务分析

　　本任务主要帮助学生了解红茶的基础知识,使学生具备对红茶的基本认知,提高学生对红茶名品的品鉴能力。

Note 🍵

🍵 **任务准备**

准备冲泡用水、茶具、多款红茶以及红茶相关资料。

🍵 **任务实施**

一、红茶概述

红茶,如图3-4-1所示,属于完全发酵茶,其发酵程度为80%—90%。制作红茶需要经过一系列精细的工艺步骤(如萎凋、揉捻、发酵、干燥等),不经过杀青步骤。在我国,红茶的品种以祁门红茶最为著名,是我国第二大茶类。

图 3-4-1　红茶

二、红茶的起源

中国是红茶的开山鼻祖,明朝时期福建武夷山茶区的茶农创制了名为"正山小种"的红茶,这被认为是世界上最早的红茶。武夷山桐木村的江氏家族被誉为"茶叶世家",江氏家族世世代代均专注于正山小种的制作,其研制历史距今已超过400年。

三、红茶的制作工艺

红茶由精心采摘的新芽叶,经萎凋、揉捻、发酵、干燥等一系列工艺步骤后制成。在萎凋环节后,鲜叶尖会失去光泽;揉捻环节会使鲜叶茶汁外流,叶卷成条;发酵环节令绿色的茶坯产生红变;烘焙环节主要将鲜叶进行干燥;复焙环节会将出售前的茶叶再次干燥,最终制成优质红茶。

1.鲜叶采摘

鲜叶采摘,如图3-4-2所示,是第一步,也是决定茶叶品质的重要环节。可以根据所制红茶的等级和品种的需要,采摘一芽一叶,或一芽二叶,或一芽三叶的鲜叶。若要制作更为高档的红茶,如金骏眉等,其原料则应选用更为细嫩的芽尖,以确保最终成品具备高品质和独特风味。

图 3-4-2　鲜叶采摘

2. 萎凋

萎凋是红茶制作中至关重要的步骤,在这一过程中,会将新采摘的鲜叶均匀摊放,如图 3-4-3 所示,并控制一定的温度和湿度,让叶片自然失水,逐渐变得柔软而有韧性。

图 3-4-3　萎凋

3. 揉捻

揉捻是指通过对萎凋后的鲜叶进行适度的搓揉,使其初步成形的过程。揉捻是红茶发酵的重要基础,分为手工揉捻、揉捻机揉捻(见图 3-4-4)等方式。

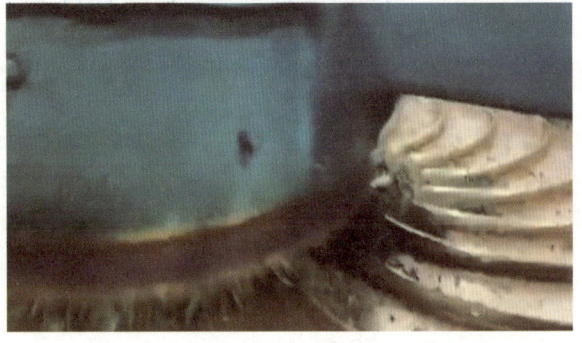

图 3-4-4　揉捻机揉捻

4.发酵

发酵,如图3-4-5所示,是红茶制作中的核心环节,直接影响红茶的色、香、味,是形成红茶色素的关键环节。一般通过发酵机控制湿度、温度等因素,促使鲜叶中的茶多酚发生酶性氧化聚合反应,从而减少茶多酚的含量,形成茶黄素、茶红素等新成分。

图3-4-5　发酵

5.干燥

干燥是红茶制作的最终环节。在这一过程中,通过烘干机或烘笼等对鲜叶进行烘焙,如图3-4-6所示,使发酵好的鲜叶中的水分蒸发,直至鲜叶完全干燥。干燥不仅能够有效地抑制鲜叶中酶的活性、蒸发水分,而且有助于固定鲜叶的外形,去除鲜叶的青草气,增加香甜味等。

图3-4-6　干燥

四、红茶的特点

红茶的干茶呈暗红色,茶汤散发着焦糖香气,滋味浓郁,略带具有层次的涩感。红茶温和,适宜日常饮用。它不含叶绿素、维生素 C,且咖啡因、茶叶碱的含量相对较低,这意味着它对神经系统的兴奋作用不如其他茶类强烈。

五、红茶的种类

根据制作工艺的不同,红茶可以分为三类:小种红茶、工夫红茶、红碎茶。

（一）小种红茶

小种红茶,如图3-4-7所示,主要产自福建。在制作这种红茶时,一般会使用松柴明火进行萎凋和干燥,因此,制成的干茶具有浓郁的松烟香味。常见的小种红茶有正山小种、烟小种等。

图3-4-7　小种红茶

（二）工夫红茶

工夫红茶,如图3-4-8所示,做工精细,为条形红茶,条索坚实、匀称,色泽乌黑、光润,汤色红艳、明亮,滋味甘醇。工夫红茶的代表品种有滇红、祁红、川红、闽红等。

图3-4-8　工夫红茶

（三）红碎茶

红碎茶的制作工艺具有一定特点,其在条形红茶的加工工序中,引入揉切这一关键步骤,以替代揉捻工序或作为揉捻工序的补充,通过揉切环节,将茶条切成颗粒状。根据形态的不同,可以将红碎茶分为叶茶、碎茶、片茶、末茶等,如图3-4-9所示。叶茶通常呈短条形,表面常有金黄毫;碎茶是典型的颗粒形红茶,为红碎茶的主体产品;片茶形态似木耳,其茶汤浓度通常不如碎茶;末茶是指呈细末状或砂粒状的红茶,冲泡后茶汁易浸出,茶汤浓度较高。

图 3-4-9　红碎茶

六、红茶的识别

(一)观茶色

红茶干茶(见图 3-4-10)的色泽与鲜叶原料及其发酵程度密切相关,我们可以通过观察红茶的色泽来了解红茶的发酵程度。

图 3-4-10　红茶干茶

(二)看茶形

依据外形,可以将红茶分为红碎茶(见图 3-4-11)和条形红茶(见图 3-4-12)两类。小种红茶和工夫红茶均为条形红茶。

图 3-4-11　红碎茶

图 3-4-12　条形红茶

（三）闻茶香

红茶的香气是评价其品质的重要标准之一。红茶的茶香中应无烟味、焦味、霉味、酸味、馊味等异味。若能够闻到甜香或焦糖香,则该茶为优质红茶。

七、红茶名品鉴赏

（一）正山小种

正山小种,如图 3-4-13 所示,产自福建武夷山,又称"武夷云雾茶",被誉为"天字号"。

图 3-4-13　正山小种

教学视频

红茶名品
鉴赏

教学视频

红茶冲泡
流程

Note

（二）祁门红茶

祁门红茶，简称"祁红"，又称"祁门工夫茶"，是产自安徽祁门山区的红茶。这种茶叶以其精湛的制作工艺和卓越的品质，在国际市场上享有极高的声誉。祁红（见图3-4-14）与印度的大吉岭茶（见图3-4-15）、斯里兰卡乌伐的季节茶齐名，并称为世界三大高香茶。

图3-4-14　祁红　　　　　　　　　　图3-4-15　印度的大吉岭茶①

（三）滇红工夫茶

滇红工夫茶产自云南，属于大叶种工夫红茶。这种红茶的干茶条索壮实，色泽乌红而光润，满披金黄色芽毫。滇红工夫茶含有丰富的有益成分，有着独特的花果香气和焦糖香，香高且持久，茶汤呈红色，滋味醇爽，叶底匀整，呈鲜明的黄红色，如图3-4-16所示。

图3-4-16　滇红工夫茶

---

①图片来源：http://k.sina.com.cn/article_6537625265_185ac3eb100100hopt.html。

（四）宜红

宜红的干茶条索紧细，有金毫，色泽乌润，香气高长，茶汤滋味醇厚、鲜爽，汤色红亮，如图3-4-17所示，叶底红亮、柔软。当茶汤稍冷时，会出现"冷后浑"的现象，如图3-4-18所示，这是茶汤品质优良，有着丰富的有效成分的标志之一。

图 3-4-17 宜红干茶及茶汤　　　　　图 3-4-18 宜红茶汤"冷后浑"

（五）宁红

宁红的干茶条索紧结、圆直，锋苗挺秀，略显红筋，色乌略红，光润，内质香高且持久，茶汤滋味甜醇，汤色红亮，叶底红匀，如图3-4-19所示。

（a）　　　　　　　　　　（b）

图 3-4-19 宁红干茶及茶汤

| 他山之石 |

关于英德红茶的故事

关于英德红茶的故事要从英国女王伊丽莎白二世说起。

伊丽莎白二世十分爱喝英德红茶，1969年，广东茶叶进出口有限公司从中国驻英国大使馆经济商务参赞处电文获悉："英国皇室喜爱英德红茶，1963

年英国女王在盛大宴会上用英德红茶招待贵宾,受到高度的称赞和推崇。"

1996年9月19日,中国香港《东方日报》以"英德红茶香滑不苦 提神醒脑"为题刊文称:"英国皇室所享用的靓红茶都是中国货,如福建的正山小种和英德红茶。英德红茶原汁香味足而苦涩味浅。若懂冲泡之法,则泡出的茶汤香味足,爽口且不苦涩。"在另一篇文章中又写道:"广东清远英德也是中国重要的产茶区之一,英德红茶是经英国皇室认定的靓茶。"

(资料来源:《英女王伊丽莎白二世与"金帆牌"英红情缘》,中国茶叶流通协会官网,2022年9月15日。)

素养提升

享誉盛名的潮汕工夫茶

2008年,潮州工夫茶艺被列入国家级非物质文化遗产代表性项目名录。2022年11月,"中国传统制茶技艺及其相关习俗"被列入联合国教科文组织人类非物质文化遗产代表作名录。2023年,潮州市被中国国际茶文化研究会授予"世界工夫茶文化之乡"的称号。

潮州工夫茶艺是中国茶道的核心代表,在中国茶艺中最具代表性,是将精神、礼仪、冲泡技艺、巡茶艺术、质量评品等融为一体的完整的茶艺形式,既是一种茶艺,也是一种民俗,还是"潮人习尚风雅,举措高超"的象征,虽然主要盛行于福建、广东、香港、台湾等地,但其影响早已遍及全国、远及海外。

喝工夫茶是广东潮州人日常生活中最平常不过的事了,或是饭后,或是客人来访,或是好友相见,均以一壶工夫茶作为陪衬。潮州当地把茶艺作为待客的最佳礼仪并加以完善,这不仅是因为茶在许多方面有着养生的效用,更是因为自古以来,茶艺有着"待君子,清心身"的意境。

(资料来源:http://wap.chinanews.com/wap/detail/chs/pic/167112.shtml。)

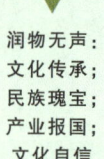

润物无声:
文化传承;
民族瑰宝;
产业报国;
文化自信

茶余课后

教师准备五款红茶,并将学生分为两个小组。教师冲泡第一款红茶,并为每位学生倒一杯,让两个小组的学生猜一猜刚刚喝过的茶是哪种红茶,比一比哪一组最先猜对,最先猜对的小组记一分。之后教师依次冲泡其余四款红茶,让每位学生品尝并做出猜想,将小组得分累计,算出哪一组获胜。获胜的小组将获得教师赠送的茶叶礼包;对于另一组学生,教师可以赠送某一款茶叶作为鼓励。

评价标准

教学评价	评价标准	标准分值	个人评价（10%）	小组评价（30%）	校内外教师评价（60%）	得分合计
课堂纪律（30%）	出勤率	15分				
	课堂纪律	15分				
项目评价（50%）	自主学习能力	5分				
	操作能力	35分				
	处理特殊情况的能力	5分				
	对客服务意识	5分				
团队协作能力（20%）	参与团队任务的积极程度	10分				
	小组分工配合程度	10分				

任务五　认识白茶

🍵 任务目标

学生通过本任务的学习,掌握白茶的相关基础知识,包括白茶的起源、概念、特点、制作工艺等。了解白茶名品,包括茶品的外形特征、制作工艺、气味特点等。

🍵 任务描述

白茶是中国茶类中的特殊珍品,这类茶的制作不经过炒制或揉捻,而是通过自然萎凋和干燥两个步骤来完成。因为其叶片和茶芽上覆盖着细密的白色茸毛,故得名"白茶"。

🍵 任务分析

本任务主要帮助学生了解白茶的基础知识,使学生具备对白茶的基本认知,提高学生对白茶名品的品鉴能力。

🍵 任务准备

准备冲泡用水、茶具、多款白茶以及白茶相关资料。

教学视频

白茶的
冲泡

任务实施

一、白茶概述

白茶,如图3-5-1所示,属于轻微发酵茶,其制作工艺较为简单,采摘后的鲜叶不经过杀青或揉捻,而是直接通过晾晒(利用天然日光)或用文火进行干燥制成干茶。白茶是一种近乎自然天成的茶类,其芽叶完整,形态舒展,较少人工干预。白茶最主要的特点是毫色银白,有着"绿妆素裹"的美感。

图3-5-1 白茶

二、白茶的起源

关于白茶的起源,存在争议,没有定论。《宁德茶叶志》中记载,相传在尧舜统治时期,一名被人们唤作"蓝姑"的女子,采摘白茶树鲜叶芽芯,将其晒干后用水冲泡,让患麻疹的村民服用以治病,由这种制法制出的茶叶可视为白茶的雏形。

三、白茶的制作工艺

(一)拣剔

拣剔是提升茶叶品质、确保纯净度的关键步骤。在白茶的制作工艺中,拣剔环节主要依靠手工完成,以确保每一片茶叶都符合高品质标准,如图3-5-2所示。毛茶的拣剔环节也被称为"初拣"。

图3-5-2 拣剔

（二）拼配

白茶的毛茶在经过品质鉴定后，需要按照级（批）、堆、号叠放并明确标注，每号称取500—1000克待拼配，如图3-5-3所示。

图 3-5-3　拼配

（三）匀堆

匀堆是将不同堆号的半成品茶叶按照指定的数量均匀混合的过程，如图3-5-4所示。对于数量较多的堆号茶，通常会分两次进行匀堆，以确保茶叶的上、中段能够均匀分散。在处理高档茶（如特级茶、一级茶等）时，必须使用跳板进行匀堆，严禁直接用脚踩，以免弄断或弄碎茶叶。

图 3-5-4　匀堆

（四）烘焙

烘焙是白茶制作过程中的重要环节，须在装箱前完成。对于高档白茶，其烘焙温度通常控制在120—150℃，而中低档白茶的烘焙温度一般为130—140℃。白茶的烘焙时间一般为10—15分钟，在烘焙过程中，茶叶的铺放厚度应保持在4厘米左右，如图3-5-5所示。

图3-5-5　烘焙

（五）装箱

　　白茶在装箱过程中采用热装法(匀堆茶随烘随装)，具体操作是指在茶叶烘焙完成后，趁着茶叶尚有余温、柔软而不易碎裂，立即进行装箱。装箱操作要轻，采用"三倒三拨法"分层抖动、压实。装箱后的白茶如图3-5-6所示。

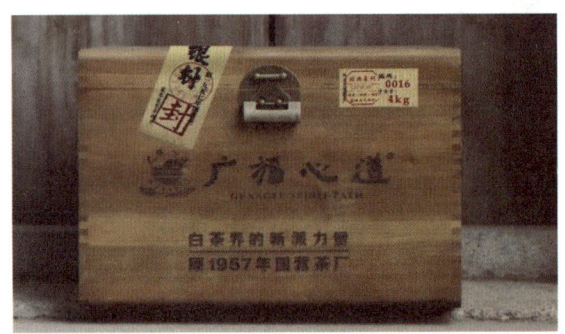

图3-5-6　白茶装箱

四、白茶的种类及名品鉴赏

（一）白毫银针

图3-5-7　白毫银针

　　白毫银针，如图3-5-7所示，简称"银针"，又称"白毫"，因其干茶白毫密被、色白如银、外形似针而得名。白毫银针香气清新，汤色淡黄，滋味鲜爽，是白茶中的极品，被冠以"茶中美女""茶王"的美誉。

1. 北路银针

　　北路银针，如图3-5-8所示，产自福建福鼎，采用福鼎大白茶(福鼎白毫)作为原料。北路银针的干茶芽头壮实，毫毛厚密，富有光泽，汤色碧清，呈杏黄色，香气清淡，滋味醇和。

图 3-5-8　北路银针

2. 南路银针

南路银针,如图 3-5-9 所示,产自福建政和,茶树品种为政和大白茶。南路银针的干茶粗壮,芽长,毫毛略薄,光泽略逊于北路银针,但香气清鲜,茶汤浓厚。

图 3-5-9　南路银针

(二)"白牡丹"

"白牡丹"为福建历史名茶,主要产自政和、松溪、建阳、福鼎等地。"白牡丹"的干茶形似花朵,如图 3-5-10 所示,冲泡后犹如花朵绽放,故得名。

图 3-5-10　"白牡丹"

Note

（三）贡眉与寿眉

1.贡眉

贡眉主要产自福建建阳、政和、松溪、福鼎等地。传统贡眉由群体种茶树的鲜叶制成,相较于大白茶,其外形更为瘦小,形似眉毛,如图3-5-11所示,故得名"贡眉",也被称为"小白"。

图3-5-11　贡眉

2.寿眉

寿眉,如图3-5-12所示,产自福建建阳,由抽针后的鲜叶加工制成。寿眉外形似扁眉,茶汤香气清纯,汤色绿而清澈,滋味醇厚、爽口,叶底嫩匀、明亮。

图3-5-12　寿眉

图3-5-13　新白茶

（四）新白茶

新白茶(见图3-5-13)为新工艺白茶的简称,其制作工艺对传统白茶制作工艺进行了创新和发展,在保留传统白茶自然萎凋步骤的基础上,引入了揉捻步骤。新白茶的制作工艺具体包括鲜叶采摘、萎凋、堆积、轻揉、干燥、拣剔、过筛、打堆、烘焙、装箱。

他山之石

"福鼎白茶"的故事

《永嘉图经》中写道："永嘉县东三百里有白茶山。"著名的茶叶专家陈椽教授对此进行了考证，并在《茶业通史》中写道："永嘉县东三百里的白茶山就是福鼎境内的太姥山。"明末清初福建著名的文人周亮工在《闽小记》中写道："太姥山茶，名绿学芽。"民国时期，卓剑舟在《太姥山全志》中写道："绿雪芽，今呼为白毫，色香俱绝，而尤以鸿雪洞产者为最。"福建地方志、"茶界泰斗"张天福教授的《福建白茶的调查研究》等与福鼎白茶有关的研究资料也认定，白茶始创于福鼎。1957年，在对福建茶树良种进行普查时，相关人员发现太姥山区有野生古茶树群落存在，而且著名的"绿雪芽"古茶树恰恰生长在传说中"太姥娘娘"修炼的道场——鸿雪洞附近。福鼎白茶的原料——福鼎大白茶、福鼎大毫茶也是从太姥山中移植出去的。被福建省绿化委列入古树名木保护目录的"绿雪芽"古茶树是真正意义上的"见证"白茶生产历史的"活化石"。

（资料来源：https://www.sohu.com/a/197115774_99907475。）

素养提升

如何辨别好的白茶

（1）看色泽。可以通过看色泽来判断白茶的品质：品质好的白茶，色泽绿中偏黄或金黄，质地饱满；品质差的白茶，呈灰褐色，显得比较暗沉，质地也以细碎者居多。

（2）闻香气。可以通过闻香气来判断白茶的品质：品质好的白茶，在冲泡后嫩香十足，芬芳持久，有明显的花香；品质差的白茶，在冲泡后，香气并不持久，且带有杂味。

（3）观叶底。可以通过观叶底来判断白茶的品质：品质好的白茶，在冲泡后，其叶片莹薄透明，叶脉呈翠绿色，叶底完整、均匀成朵；品质差的白茶，在冲泡后，其叶底并不是很匀整，杂质较多。

（资料来源：https://baijiahao.baidu.com/s?id=15914426487562894568wfr=spider&for=pc。）

润物无声：
钻研精神；
工匠精神；
精进思维；
审美能力

茶余课后

教师准备五款白茶，并将学生分为两个小组。教师冲泡第一款白茶，并为每位学生倒一杯，让两个小组的学生猜一猜刚刚喝过的茶是哪种白茶，比一比哪一组最先猜对，最先猜对的小组记一分。之后教师依次冲泡其余四款茶叶，让每位学生品尝并做

Note

出猜想,将得分累计,算出哪一组获胜。获胜的小组将获得教师赠送的茶叶礼包;对于另一组学生,教师可以赠送某一款茶叶作为鼓励。

评价标准

教学评价	评价标准	标准分值	个人评价(10%)	小组评价(30%)	校内外教师评价(60%)	得分合计
课堂纪律(30%)	出勤率	15分				
	课堂纪律	15分				
项目评价(50%)	自主学习能力	5分				
	操作能力	35分				
	处理特殊情况的能力	5分				
	对客服务意识	5分				
团队协作能力(20%)	参与团队任务的积极程度	10分				
	小组分工配合程度	10分				

任务六　认识黄茶

任务目标

学生通过本任务的学习,可以掌握黄茶的相关基础知识,包括黄茶的起源、概念、特点、制作工艺等。了解黄茶名品,包括茶品的外形特征、制作工艺、气味特点等。

任务描述

黄茶属于轻发酵茶,以其较高的品质和观赏价值广受赞誉。在制作黄茶时,会采用与制作绿茶相似的工艺,并在此基础上,增加闷黄这一关键步骤。闷黄步骤会促使茶叶中的茶多酚、叶绿素等物质氧化,赋予黄茶的黄叶、黄汤特质。

任务分析

本任务主要帮助学生了解黄茶的基础知识,使学生具备对黄茶的基本认知,提高学生对黄茶名品的品鉴能力。

任务准备

准备冲泡用水、茶具、多款黄茶以及黄茶相关资料。

任务实施

一、黄茶的概念

黄茶属于轻发酵茶,按照鲜叶的老嫩和芽叶的大小,可以分为黄芽茶、黄小茶、黄大茶。黄茶最显著的品质特点是黄叶、黄汤,如图3-6-1所示。

图3-6-1　黄茶

二、黄茶的起源

黄茶有着丰富的历史背景,关于黄茶的起源,也有着多样的说法。其中一种较为流行的说法认为黄茶是由炒青绿茶发展而来的。黄茶制作工艺在1570年前后形成,当时,有制茶师在炒制绿茶的过程中发现,如果在杀青或揉捻之后不及时进行干燥,或者干燥程度不够,茶叶会逐渐变黄,黄茶的制作方法也由此形成。不同种类的黄茶,在具体制作工艺中,进行闷黄的先后顺序也不同。例如:在制作温州黄芽时,在揉捻后进行闷黄;在制作君山银针时,在炒干过程中交替进行闷黄;在制作黄大茶时,在初干后,将其堆放二十多天,茶叶会自然变黄。

三、黄茶的制作工艺

在制作黄茶时,会采用与制作绿茶相似的工艺,并在此基础上,增加独特的闷黄步骤,这一步骤赋予黄茶黄叶、黄汤的品质特征。

(一)杀青

杀青是黄茶制作中的重要步骤,目的是去除鲜叶中的青草气,形成茶叶的基本香

教学视频
▼

黄茶的
冲泡

Note

气。在这一过程中,茶叶被放入温度控制在120—130℃的锅中进行翻炒,如图3-6-2所示。为了确保茶芽均匀受热,制茶师会将茶芽捞起并让其沿锅壁下滑,整个过程大约持续4分钟。操作时要求手法轻快而灵活,避免茶芽出现脱毫或弯曲等现象。

图 3-6-2   杀青

杀青后,再将茶叶放进箩筐里摊晾,在摊晾的过程中可以轻微地摇扬几次,让茶叶中的热气散发出来,并将一些细碎的杂片清理掉。摊晾的时间根据茶叶的实际情况而定,通常为10分钟以内。

(二)闷黄

闷黄是制作黄茶特有的一道工序,不仅改变了鲜叶的颜色,还能促进鲜叶中游离氨基酸和挥发性物质的增加,从而赋予成品甜醇的滋味和浓郁的香气。

(三)初烘,再摊晾

将闷黄后的茶叶置于炭火上烘干,如图3-6-3所示,温度控制在50—60℃,为确保茶叶受热均匀,需要每隔几分钟就翻动一次,直至茶叶达到五成至六成干燥,整个过程需要20—30分钟。初烘完成后,将其再次摊晾于箩筐中,以促进茶叶中水分的进一步挥发,在这一过程中,应密切监控茶叶烘干的程度,以保证茶叶的品质。

图 3-6-3   初烘

(四)初包

初包也是黄茶制作中独特的步骤,是指将初烘后的茶叶用牛皮纸包裹住,如图3-6-4所示,然后存放于铁质或木质箱子中,静置40—48小时。每包茶叶的重量应该控制在1.5千克左右,以确保化学变化的适宜程度。如果包装的茶叶量过多,化学变化可能过于剧烈;如果包装的茶叶量过少,则可能无法达到理想的初包效果。

图3-6-4　初包

（五）复烘和摊晾

复烘是指对茶叶进行二次干燥的过程,旨在进一步降低茶叶内部的水分。在这一步骤中,茶叶被再次置于炭火之上,温度大约维持在50℃,持续烘焙至茶叶达到八成干燥,整个过程约1小时。若在初包阶段茶叶的变色效果不理想,则须烘至七成干燥再进行复烘。复烘之后,茶叶仍需进行摊晾,以确保茶叶中水分的均匀挥发。

（六）复包

复包过程与初包相似,但所需时间较短,约20小时。复包后茶叶应达到芽色金黄、香气浓郁的效果。

（七）足干

经过复包处理后的茶叶,需要进行最后一次烘焙,以达到完全干燥的状态。在足干过程中,温度应控制在40—50℃,以确保茶叶中的水分被彻底去除,同时也要避免过度烘焙影响茶叶的风味。

（八）分级

完成足干后,将根据芽头的肥瘦、曲直、色泽等特征,对茶叶进行分级。

黄茶的品质不仅会受到鲜叶原料的影响,还会受到制茶方法的影响。不同种类的黄茶在制作工序上会有些许差异,但均会经历闷黄过程。闷黄是形成黄茶的黄叶、黄汤品质特征的关键步骤,它不仅促进了茶叶成分的转化,还有助于减少茶汤的苦涩味,增添甜醇口感。精心的闷黄处理使得黄茶呈现出特有的风味。

四、黄茶的特点

（一）外形

黄茶的干茶肥硕、挺直,质感厚重而匀实,叶片完整且排列整齐,茶芽之间呈现出鲜亮的金黄色,散发着自然的光泽。

Note

（二）香气

黄茶的香气纯正而独特，如黄小茶通常带有熟栗香，黄芽茶则散发着甜兰香。一般而言，黄茶带火旺香气，部分黄小茶带有兰香，某些黄小茶和黄大茶还会带有焦豆的香气。

（三）汤色

一般而言，冲泡后的黄茶汤色嫩黄、透亮。但也有例外，如黄大茶的汤色呈现出深黄色，色泽饱满。

（四）味道

黄茶茶汤入口醇厚而无涩味，或滋味浓郁且迅速回甘，或滋味鲜醇、回味悠长。

（五）叶底

通过观察黄茶叶底的嫩叶，也可以很好地鉴别出黄茶的品质。黄茶叶底一般呈黄亮色，优质的黄茶的叶底要求老嫩一致，色泽匀齐。

五、黄茶的种类及名品鉴赏

（一）君山银针

君山银针（见图3-6-5）作为中国十大名茶之一，是黄芽茶中的极品。君山银针的干茶茁壮、挺直，银毫披露，芽身金黄有光亮，被赋予"金镶玉"的美誉。君山银针的茶汤呈杏黄色，滋味甘醇、鲜爽。君山银针不仅在国内享有盛誉，在国际市场上也备受推崇。市场上，湖南省君山银针茶业股份有限公司生产的君山银针较为正宗。

图 3-6-5　君山银针

（二）蒙顶黄芽

蒙顶黄芽(见图3-6-6)属于黄芽茶,距今已有两千多年的历史,曾作为"贡茶"供古代皇室享用。蒙顶黄芽的干茶芽条匀整、扁平挺直、色泽黄润、金毫显露,汤色黄中透碧,甜香鲜爽。市场上,跃华茶业生产的蒙顶黄芽以其优越品质而受到青睐。

图3-6-6 蒙顶黄芽

（三）霍山黄芽

霍山黄芽(见图3-6-7)属于黄芽茶,干茶条直微展、匀齐成朵、形似雀舌、嫩绿披毫,清香持久;汤色清澈明亮,呈黄绿色,滋味鲜醇,有回甘;叶底明亮,为嫩黄色。"徽将军""徽六""承兴德"等是市场上较为知名的生产霍山黄芽的品牌。

图3-6-7 霍山黄芽

（四）远安黄茶

远安黄茶(见图3-6-8)属于黄小茶,干茶条索呈环状,色泽金黄;汤色黄净明亮,香气独特且持久。市场上,"清煦园""鹿苑茶""南荆湾"等品牌的远安黄茶较为出名。

图3-6-8　远安黄茶

（五）北港毛尖

北港毛尖（见图3-6-9）属于黄小茶，干茶芽壮叶肥，毫尖显露，呈金黄色，内质香气清高；汤色橙黄，滋味醇厚；叶底肥嫩成朵。

图3-6-9　北港毛尖

（六）沩山白毛尖

沩山白毛尖（见图3-6-10），这款黄小茶中的珍品产自湖南宁乡。宁乡得天独厚的环境，使得茶树深受雨露的滋养，从而根系发达、叶片茂盛、芽头肥大、茶梗粗壮、茸毛丰富，保持了茶叶的鲜嫩特性，成为制作上等名茶的理想选择。沩山白毛尖的干茶叶缘微卷，形似兰花，色泽黄亮光润，身披白毫；汤色橙黄鲜亮，烟香浓厚，滋味醇甜爽口，风味独特。

图3-6-10　沩山白毛尖①

---

①图片来源：https://www.chaliyi.com/article/67461.html。

Note

（七）远安鹿苑

远安鹿苑（见图3-6-11）属于黄小茶，产自湖北远安鹿苑寺一带。在制作远安鹿苑时，茶叶经揉捻后还会进行长时间的堆积闷黄。远安鹿苑汤色杏黄明亮，香气馥郁，滋味醇厚甘爽。

图3-6-11　远安鹿苑

（八）平阳黄汤

平阳黄汤（见图3-6-12）属于黄小茶，干茶条索细紧纤秀，色泽黄绿，多毫；汤色橙黄鲜明，香气清新，滋味鲜醇爽口；叶底芽叶匀齐、成朵。

图3-6-12　平阳黄汤

（九）皖西黄大茶

皖西黄大茶（见图3-6-13）属于黄大茶，干茶梗壮叶肥，叶片成条，梗叶相连，形似钓鱼钩。皖西黄大茶梗叶金黄显褐，色泽油润；汤色深黄显褐，滋味醇和，具有焦香；叶底黄中显褐。

图3-6-13　皖西黄大茶

（十）广东大叶青

广东大叶青（见图3-6-14）属于黄大茶，干茶条索肥壮、紧结，老嫩均匀，叶张完整，显毫，色泽青润显黄；茶汤香气纯正，汤色橙黄明亮，滋味醇厚，有回甘；叶底呈淡黄色。

图3-6-14　广东大叶青

┃ 他山之石 ┃

关于君山银针的传说

相传四千多年前，舜帝南巡不幸驾崩于九嶷山下。娥皇、女英两位爱妃前去奔丧，乘船途经洞庭湖，不幸船被风浪打翻，两位妃子掉入湖中。这时湖面飘来七十二只青螺，将她们托起，后来这些青螺又幻化成七十二座山峰，聚成君山岛。为了不让君山岛被淹，湖底还有"定海神针"作为支撑，可随洞庭湖水涨退而伸缩。

其后，两位妃子将随身所带的茶籽播种于君山岛。茶籽经悉心培育，在君山岛的白鹤寺旁长出了三兜健壮的茶苗，这些既是君山茶的母本，也是黄茶之源。后来人们模仿"定海神针"的形态，将君山茶制成针状，取名"君山银针"。

（资料来源：http://www.hunan.gov.cn/jxxx/hxwh/cwd/201711/t20171111_4685387.html。）

素养提升

闷黄过程中,茶叶内部变化知多少?

(1)闷黄过程以非酶促化学反应为主。

闷黄过程中,湿热环境使得茶叶内的多酚、多糖、蛋白质、叶绿素等物质发生氧化、裂解、水解等一系列变化,由此在茶叶内部积累了较多的儿茶素、可溶性糖、游离氨基酸、茶黄素等物质,其中,叶绿素锐减、茶黄素增加,这些变化也促成茶叶的苦涩味降低,甜醇度增加。这些也成为黄茶的主要品质特征。

(2)闷黄过程增加了茶叶的水浸出物含量,使茶汤更加醇厚。

闷黄过程中,湿热环境促使茶叶中的蛋白质、糖苷类、多糖类等高分子物质发生降解,生成可溶性糖、氨基酸等小分子物质,从而增加了茶叶的水浸出物含量,使茶汤更加醇厚。

(3)闷黄过程使多酚类物质减少,降低了茶叶的苦涩度。

闷黄过程中,在湿热环境的作用下,茶叶中的多酚类物质总体是减少的,使得茶叶的苦涩度降低。

(4)闷黄过程使氨基酸、可溶性蛋白质等物质增加,提升了茶汤的鲜爽度。

闷黄过程中,在湿热环境的作用下,茶叶中的氨基酸、可溶性蛋白质等物质有所增加,提升了茶汤的鲜爽度。

(5)闷黄过程使茶叶中的叶绿素锐减,类胡萝卜素增加,促成茶叶的金黄色。

闷黄过程中,在湿热环境的作用下,茶叶中的叶绿素锐减,类胡萝卜素增加,使得茶叶呈金黄色。黄茶金黄的色泽,在很大程度上还受到类胡萝卜素中的叶黄素、隐黄素、β—胡萝卜素等的影响。

（资料来源：http://chinafoodj.ijournals.cn/ch/reader/create_pdf.aspx?file_no=H20230830006&journal_id=spzljcxb。）

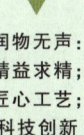

润物无声:
精益求精;
匠心工艺;
科技创新

茶余课后

教师准备四款黄茶,并将学生分为两个小组。教师冲泡第一款黄茶,并为每位学生倒一杯,让两个小组的学生猜一猜刚刚喝过的茶是哪种黄茶,比一比哪一组最先猜对,最先猜对的小组记一分。之后教师依次冲泡其余三款茶叶,让每位学生品尝并做出猜想,将得分累计,算出哪一组获胜。获胜的小组将获得教师赠送的茶叶礼包;对于

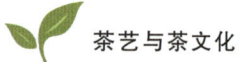

另一组学生,教师可以赠送某一款茶叶作为鼓励。

评价标准

教学评价	评价标准	标准分值	个人评价(10%)	小组评价(30%)	校内外教师评价(60%)	得分合计
课堂纪律(30%)	出勤率	15分				
	课堂纪律	15分				
项目评价(50%)	自主学习能力	5分				
	操作能力	35分				
	处理特殊情况的能力	5分				
	对客服务意识	5分				
团队协作能力(20%)	参与团队任务的积极程度	10分				
	小组分工配合程度	10分				

任务七　认识花茶

🍵 任务目标

学生通过本任务的学习,掌握花茶的相关基础知识,包括花茶的历史、概念、特点、制作工艺等。了解花茶名品——茉莉花茶,包括茶品的外形特征、制作工艺、气味特点等。

🍵 任务描述

花茶以六大基本茶类为原料,加入鲜花窨制而成。花茶集茶味与花香于一体,花增茶味,茶添花香,二者相得益彰,制成的花茶既保持了浓郁爽口的茶味,又带有鲜灵芬芳的花香。

🍵 任务分析

本任务主要帮助学生了解花茶的基础知识,使学生具备对花茶的基本认知,提高学生对花茶名品的品鉴能力。

教学视频
▼
花茶认知

🍵 任务准备

准备冲泡用水、茶具、多款花茶以及花茶相关资料。

🍵 任务实施

一、花茶概述

花茶，又称"窨花茶""香花茶""香片"，属于再加工茶，是我国独特的茶叶品类。在制作花茶时，会将精制茶胚和具有香气的鲜花混合，使花香与茶味相得益彰。花茶具有清热解毒、美容保健等多种功效，适合各类人群饮用。常见的花茶如茉莉花茶、玉兰花茶、珠兰花茶、茉莉龙珠、茉莉银针、玫瑰花茶、菊花茶、千日红茶、女儿环、碧潭飘雪等。花茶干茶见图3-7-1，花茶茶汤见图3-7-2。

随着制作工艺的不断提升和改进，花茶的种类也日益丰富，包括保健茶、工艺茶、花草茶等。

图3-7-1　花茶干茶

图3-7-2　花茶茶汤

二、花茶的发展历史

花茶的历史可以追溯至宋朝。蔡襄的《茶录》中记载："茶有真香。而入贡者微以龙脑和膏，欲助其香。建安民间皆不入香，恐夺其真。若烹点之际，又杂珍果香草，其夺益甚。正当不用。"这说明宋朝的人们已经开始尝试在优质的绿茶中加入龙脑香等香料，利用香料窨茶，制成贡品。而到了宋朝后期，人们又担心香料会影响茶的本味，便不主张在窨茶的时候加入香料了。这便是中国花茶窨制的先声，也是中国花茶的原型。

明朝是中国茶类大发展时期，在明朝，团茶逐渐被散茶所取代，炒青、烘青、晒青绿茶的大量生产为花茶的制作提供了坚实的基础。这一时期的茶叶加工技术得到了显著的提升，尤其是在花茶的窨制工艺上，人们开始采用"茶引花香，以益茶味"的制法。明朝钱椿年著、顾元庆删校的《茶谱》中对花茶窨制技术有着较为详细的记载："木樨、茉莉、玫瑰、蔷薇、兰蕙、橘花、栀子、木香、梅花，皆可作茶。诸花开时，摘其半含半放蕊之香气全者,量其茶叶多少,摘花为茶。花多则太香而脱茶韵,花少则不香而不尽其美,三停茶叶一停花始称。假如木樨花,须去其枝蒂及尘垢、虫蚁,用磁罐,一层茶一层花,投间至满,纸箬扎固,入锅重汤煮之,取出待冷,用纸封裹,置火上焙干收用。"这些记载说明那时的人们已经开始关注窨法、原料选择、取花量、窨次、焙干等关键环节。这一时期花茶的发展虽已初具规模,但仍属稀有之物。伟大的药物学家李时珍的《本草纲目》一书中就有"茉莉可熏茶"的记载,证实了茉莉花茶在明朝已有生产。

　　史料记载,清咸丰年间(1851—1861年),福州已经出现了大规模的茶作坊,专门生产商品化的茉莉花茶。当时福州的窨制茉莉花茶被运销至华北地区,特别是津京地区,受北方市民的喜爱。福州因此被誉为中国茉莉花茶的发源地。随着商品化的推进,茉莉花茶市场逐渐形成,买卖交易活跃。在北京,众多茶庄应运而生,它们所销售的"京味"茉莉花茶即有着独特风味的福建茉莉花茶。

三、花茶的制作工艺

　　花茶属于再加工茶类,巧妙地利用了茶叶的吸香及香花的吐香特性。在精心的窨制工艺下,茶叶充分吸收花香,形成带有自然花香的花茶,又称"窨花茶""熏花茶""香片"。花茶窨制的基本工艺包括:茶坯复火、鲜花打底、窨制拼和(窨花,见图3-7-3)、通花散热、起火、复火、提花、匀堆装箱等工序。

图3-7-3　窨花

四、茉莉花茶

　　在制作茉莉花茶时,一般以绿茶、红茶或乌龙茶为基础茶坯,配以茉莉花。茉莉花茶在保留了浓郁爽口的天然茶味的同时,又增添了茉莉花的鲜灵芳香。

茉莉花茶干茶(见图3-7-4)条索紧细匀整,色泽黑褐油润,冲泡后释放出的香气鲜灵而持久,茶汤滋味醇厚鲜爽,汤色黄绿明亮,叶底嫩匀柔软。

图 3-7-4　茉莉花茶①

茉莉花茶具有辛、甘、凉等属性,其茶汤有着清热解毒、利湿、安神、镇静的效果,因而适量饮用茉莉花茶对人体有益。

▎他山之石▎

"花草茶"并不等同于"花茶"

经常有人把花茶与花草茶混为一谈,这两者其实是两个不同的种类。花茶通常是指茶,不指花,是通过花香窨制过的茶叶。而花草茶通常是指不含茶叶成分的香草类、芳香类代茶饮品,如玫瑰花茶、菊花茶、百合花茶等。简而言之,花茶是"茶",花草茶是"花"。

花茶又叫"香片茶",历史悠久,传承至今,是我国特有的传统茶类中的再加工茶。花茶是采用独特的窨制工艺制作而成的茶叶,一般以绿茶、红茶、乌龙茶、普洱茶等作为茶坯,采用符合国家食品规定的、能够"吐香"的鲜花为原料,将这些带有香气的鲜花与刚刚采摘的新茶一起闷制加工,待茶叶将香气吸收后,再把干花筛除。

花草茶是以花卉植物的花蕾、花瓣、嫩叶等为原材料,经过干燥等工序加工后,制作而成的代茶饮品。花草茶种类繁多,特征、特性各不相同。要想充分发挥花茶的保健功能,饮用者应该预先了解不同种类的花草茶的药理、药效、药性,挑选适合自己的花茶。

(资料来源:https://baijiahao.baidu.com/s?id=16318489749598731161&wfr=spider&for=pc。)

---

①图片来源:https://www.zhe2.com/note/601517445713。

素养提升

坚守初心做好茶

"找符代表？就在车间里！"作为海南农垦热作产业集团有限公司旗下海南农垦乌石白马岭茶叶有限公司的茶叶加工技术员，符小琴除了外出参加会议或培训，几乎每天都在茶场。进场21年来，符小琴用自己勤劳的双手谱写了一曲劳动者之歌，她光荣当选第十三届全国人大代表、中共海南省第七次党代会代表，获得"全国优秀共产党员""全国劳动模范""全国农业农村系统先进个人"等荣誉称号。

20世纪90年代，海南省国营岭头茶场经营连年亏损，陷入了收不抵支的困境。为摆脱困境，2009年，重组后的茶场决定通过打造"新、精、优"高端产品实现产业升级，并将这一研发任务交给以符小琴为"领头雁"的高香茶班。此举成败关系着茶场的发展前途和所有职工的未来，符小琴临危受命，深感责任重大。

研发初期，茶场经费紧张，设备陈旧，困难重重。尽管如此，符小琴带领班组人员克服各种困难，刻苦攻关，认真听取茶叶专家的理论指导，潜心研读各类书籍，硬是凭着一股冲劲，陆续研发出白马骏红、白马君红、白马雾珠，以及白马尊红、白马金红、白马红珠等系列中高端茶叶产品，实现了茶场茶叶产品结构从单一低质向多元化、高端优质的转变，赢得了茶叶专家及广大消费者的一致好评。白马岭茶叶获得"绿色食品""全球良好农业操作认证"（GLOBAL G.A.P.），以及"海南名牌农产品""海南省著名商标"等殊荣，白马骏红更是多次获得各类茶叶评比金奖。

符小琴和她带领的班组在困难面前所展现出的拼搏精神鼓舞着茶场上下，同事们纷纷以她为榜样，立足岗位做好本职工作。大家表示，符小琴身上敬业、踏实、精益求精的精神，是海垦茶人共同追求的工匠精神。

（资料来源：潘世鹏，《坚守初心做好茶》，载经济日报，2021年11月28日。）

▼
润物无声；
拼搏进取；
精益求精；
工匠精神；
产业报国；
乡村振兴

茶余课后

教师准备五款花茶，并将学生分为两个小组。教师冲泡第一款花茶，并为每位同学倒一杯，让两个小组的学生猜一猜刚刚喝过的茶是哪种花茶，比一比哪一组最先猜对，最先猜对的小组记一分。之后教师依次冲泡其余四款茶叶，让每位学生品尝并做出猜想，将得分累计，算出哪一组获胜。获胜的小组将获得教师赠送的茶叶礼包；对于另一组的学生，教师可以赠送某一款茶叶作为鼓励。

评价标准

教学评价	评价标准	标准分值	个人评价（10%）	小组评价（30%）	校内外教师评价（60%）	得分合计
课堂纪律（30%）	出勤率	15分				
	课堂纪律	15分				
项目评价（50%）	自主学习能力	5分				
	操作能力	35分				
	处理特殊情况的能力	5分				
	对客服务意识	5分				
团队协作能力（20%）	参与团队任务的积极程度	10分				
	小组分工配合程度	10分				

任务八　认识黑茶

🍵 任务目标

通过本任务的学习,掌握黑茶的相关基础知识,包括黑茶的起源、概念、特点、制作工艺等。了解黑茶名品,包括茶品的外形特征、制作工艺、气味特点等。

🍵 任务描述

黑茶是我国特有的茶类,通常被制成紧压茶。制作黑茶时,所选原材料粗老,堆积发酵时间较长,制成的干茶外观黑褐油润,故称为"黑茶"。黑茶是发酵后的茶叶,存放时间越长,香气越浓。

🍵 任务分析

本任务主要帮助学生了解黑茶的基础知识,使学生形成对黑茶的基本认知,提高学生对黑茶名品的鉴赏能力。

🍵 任务准备

准备冲泡用水、茶具、多款黑茶以及黑茶相关资料。

任务实施

一、黑茶概述

黑茶(见图3-8-1),是中国茶叶中历史悠久且独具特色的品类,其独特的制作工艺使得鲜叶在渥堆发酵过程中逐渐转变为黑色,因此得名。

黑茶主要产于湖南、湖北、四川、云南、广西等省区。其中云南的普洱久负盛名。黑茶通常被制成紧压茶,主要销往我国的边疆地区,故也被称为"边销茶"。

二、黑茶的特点

黑茶干茶呈青褐色至黑褐色,油润有光泽,粗老,气味较重,如图3-8-2所示。茶汤汤色呈橙黄、橙红或琥珀色,其叶底黄褐,香气浓重,具有陈香味,滋味醇和,入口饱满,回甘持久。

图 3-8-1　黑茶 1

图 3-8-2　黑茶 2

黑茶之美,体现在五个方面:历史之美、金花之美、品茗感悟之美、品质功效之美以及收藏鉴赏之美。尽管其外表可能不如其他茶类精致,看似枯枝焦叶,但正是这种朴实无华的外观给人以厚重、遒劲之感,在粗糙中见神韵,于朴实中出芳华。老子说:"是以大丈夫处其厚,不居其薄;处其实,不居其华。"这种道家追求的美学理念,在黑茶中得到了充分的体现。黑茶以其质朴的外表和丰富的内在,赢得了众多茶友的追捧和喜爱。

三、黑茶的起源

黑茶的起源可追溯至宋朝。早在宋神宗熙宁年间(1068—1077年),四川地区就已经开始利用绿毛茶经过特殊工序制成黑茶。16世纪以后,黑茶是指由安化的黑毛茶加工制成的茶叶,随着生产技术的普及和茶叶产区的增加,黑茶逐渐成为以后期发酵工艺为特征的茶类的总称。

四、黑茶的制作工艺

(一)杀青

杀青是指通过高温处理来破坏茶叶中酶的活性,从而抑制多酚类物质的酶性氧化。黑茶的原料较老且水分含量较低,这使得茶叶不易杀匀、杀透。为了解决这一问题,除了雨水叶、露水叶和幼嫩芽叶,一般都会遵循10:1的比例(10千克鲜叶对应1千克清水)进行洒水处理。洒水要均匀,使黑茶杀青能杀匀、杀透。

杀青的方法主要分为手工杀青(见图3-8-3)和机械杀青两种。

图3-8-3 手工杀青

手工杀青使用由油桐树丫制成的茶杈作为工具,采用大量、高温(一锅炒4—5千克,火温为260—300℃)、短时间,以及"双亮双渥""渥多量少"的炒法。

机械杀青则是指在黑毛茶达到适宜的杀青温度后,将8—10千克鲜叶投入机械中,并依鲜叶的老嫩程度和水分含量调整锅温,通过闷炒和适时抖炒的方式进行杀青,直至茶叶达到适度的杀青状态。

(二)初揉

黑茶揉捻可以分为初揉(见图3-8-4)和复揉两个阶段。初揉紧随杀青之后进行,利用茶叶的热力,通过揉捻,将大部分粗大茶叶初步揉成条,并且使茶汁外溢,附于茶叶表面,这一过程对茶叶细胞的破损率有较高要求,通常需达到20%以上,以便为后续渥堆的理化变化创造有利条件。鉴于黑茶叶质较粗老,揉捻过程中应特别注意,应轻柔、缓慢,并控制揉捻时间,一般而言,揉捻时间控制在15分钟左右较为适宜。待黑茶嫩叶成条、粗老叶皱叠即可。

图 3-8-4　初揉

（三）渥堆

　　渥堆（见图 3-8-5）是黑茶制作中的核心环节，紧随初揉之后进行。在这一过程中，初揉过的茶叶不经解块，直接堆积起来进行发酵。渥堆的环境要求十分讲究，应选择避光、干净的地面进行，堆高控制在 66—100 厘米，并在顶部覆盖湿布等物品以保持湿度和温度。理想的渥堆环境温度约为 25℃，相对湿度维持在 85% 以上。

图 3-8-5　渥堆

　　茶坯的含水量一般为 65% 左右，如果揉捻叶过干，可在堆面上洒适量清水。在气温较高时，为防止叶温过快上升导致茶叶烧坏，可以在渥堆过程中适时翻拌一次。在堆积 24 小时左右，当茶坯表面出现水珠，叶色由暗绿变为黄褐，散发出酒糟气或酸辣的气味，茶叶对光透视呈竹青色且透明，手伸入茶堆能感到发热，茶团黏性变小且一打即散时，即渥堆适度。黑茶之所以被称为"后发酵茶"，是因为其加工工艺特点在于渥堆工序。在渥堆过程中，氧化作用使茶叶色泽变得油黑或深褐，故得名"黑茶"。黑茶的价值随着陈化时间的增加而提升，这是因为在适当的储存条件下，黑茶会继续进行后发酵，其风味和品质会随着时间的推移而不断优化。

（四）复揉

在渥堆达到适宜状态的黑茶茶坯被解块后,会对其进行复揉处理。与初揉相比,复揉时的压力较轻,揉捻时间控制在6—8分钟,以进一步整理茶叶条索并促进其内部物质的转化。复揉完成后,需立即进行解块和干燥。

（五）烘焙

烘焙(见图3-8-6)是黑茶初制过程中的最后一道工序,此工序形成黑茶特有的品质,即油黑色和松烟香味。此环节特别采用松柴作为燃料,利用旺火进行烘焙,且不排斥烟味。这一过程采用分层累加湿坯的方式,进行长时间的一次性干燥,茶叶在高温和烟气的共同作用下完成烘焙。

图3-8-6　烘焙

黑茶的烘焙作业一般在七星灶上进行:在灶口地面燃烧松柴,采用横架的方式保持火力均匀,借助风力使火温均匀透入七星孔内,确保火温能够均匀地扩散至灶面焙帘上。当焙帘温度升至70℃以上时,开始撒上第一层茶坯,厚度控制在2—3厘米。随着烘焙过程的推进,逐层撒上更多茶坯,每层的厚度逐渐减少,直至达到5—7层,总厚度不超过焙框的高度。

当最上层的茶坯达到七八成干时,进行退火翻焙:使用特制的铁叉将已干燥的底层茶叶翻至上层,将尚未完全干燥的上层茶叶翻至下层。之后继续升火烘焙,直至每层茶叶都达到适度干燥的状态。

五、黑茶名品鉴赏

（一）云南普洱茶

云南普洱茶(见图3-8-7、图3-8-8)产自云南省西双版纳傣族自治州。普洱茶的初

教学视频
▼

生普洱茶和熟普洱茶

Note

制毛茶按采摘季节分为春茶、夏茶、秋茶三个规格,每个季节的茶叶都有其独特的品质和风味。根据采摘时间的不同,春茶又细分为春尖、春中、春尾三个等级,春尖是春茶中的上品。夏茶又称为"二水",秋茶又称为"谷花"。优质的云南普洱茶外形端正、匀称、松紧适度,汤色红浓、明亮,香气独特,叶底呈褐红色,茶汤滋味醇厚回甘。

图 3-8-7   普洱散茶

图 3-8-8   普洱紧压茶

(二)广西六堡茶

广西六堡茶(见图 3-8-9)主要采用当地特有的大叶种茶作为原料,经过一系列精细的加工步骤,包括初制、渥堆、气蒸、复堆、蒸压、陈化等,最终形成六堡茶独有的品质。

广西六堡茶素以"红、浓、陈、醇"四绝著称,其品质特点包括:条索长整紧结,色泽黑褐光润;汤色红浓明亮,香气醇高陈厚;茶汤滋味甘醇爽口,带有松烟味和槟榔味;叶底呈铜褐色。广西六堡茶风格独树一帜,具有良好的陈化潜力,适宜长期保存,随着时间的推移,其风味会愈发醇厚,品质也会逐渐提升。

图 3-8-9　广西六堡茶

（三）湖南黑毛茶

湖南黑毛茶(见图 3-8-10)经过杀青、初揉、渥堆、复揉、干燥等工艺制成。湖南黑毛茶一般分为四个等级,高档茶较细嫩,低档茶较粗老。

图 3-8-10　湖南黑毛茶

（四）四川边茶

四川边茶(见图 3-8-11)是黑茶的一个重要品种,产自四川,历史悠久。按照销路的不同,四川边茶可以分为南路边茶和西路边茶两大类。

在中国古代,自宋朝起,历朝官府为了促进边境地区的经济发展和民族交流,推行了"茶马法"。这一政策在明朝得到了进一步的发展和完善,官府在四川的雅安、天全等地设立了专门的"茶马司"来管理和监督交易。

Note

图 3-8-11　四川边茶

他山之石

勐海——普洱茶的故乡

有人曾说"无勐海,不普洱",勐海可以称得上是一部活的茶史,有着深厚的茶文化内涵。勐海这片神奇而美丽的土地,孕育了普洱茶的神话。勐海山山有树,沟沟有水,一座座茶山点缀其间,生机盎然。山间云雾缭绕,仿如秘境,许多探秘者蜂拥而来,似乎只有勇敢地走进莽莽森林,攀上高峰,穿过那茫茫云雾,才能揭开勐海的神秘面纱,观赏到群山被绿荫覆盖,山间泉水奔流,蜿蜒起伏之间,茶树错落有致。

云南有许多普洱茶产区,而来自不同产区的普洱茶,其口感、韵味、品质也会有所不同。有人喜欢易武普洱茶,因为它的柔情;有人喜欢冰岛普洱茶,因为它的甘甜;有人喜欢景迈普洱茶,因为它的花香。勐海普洱茶以其自身独特的韵味——浓厚悠长、茶气充足、经久耐泡赢得众多茶人的喜爱。千百年以来,勐海地区居民世代居住在茶山上,与茶相伴。在这里有极为古老的种茶民族,有极为古老的茶园,还有最醇厚的普洱茶。在勐海地区青青芳草中,留下了不少马帮的足印,这里是普洱茶的发源地,是普洱茶的故乡。"悠悠'古树王国',山山寨寨古茶香",这是对勐海地区的真实描述。

（资料来源：https://www.163.com/dy/article/FAP7HPGH05457BJW.html。）

素养提升

建立"世界抹茶超级工厂",打造中国现象级抹茶品牌

近年来,贵茶集团以传统名优茶、抹茶、大健康产品、餐饮酒店用茶为发

力点,进行"四轮驱动"发展。2017年,贵茶集团在贵州省铜仁市江口县投资6亿元,建成占地面积340.79亩[①]的贵茶产业园,按照"工业4.0"标准,建成清洁化、智能化、标准化的4条抹茶生产线(年产能2000吨)、2条红绿宝石生产线(年产能3000吨)、4条大宗茶生产线(年产能10000吨),建成目前世界上最大的单体抹茶精制车间、西南地区最大的茶叶冷藏库。其中,单体抹茶精制车间因其强大的标准化生产力,被业界誉为"世界抹茶超级工厂"。目前,贵茶集团抹茶出口量位居中国第一位。2023年上半年,贵茶集团完成抹茶生产500吨、销售415吨,产值1.2亿元,抹茶冰激凌、抹茶酸奶、抹茶月饼、抹茶面条等系列抹茶产品备受欢迎。

　　(资料来源:梁妍,《抹茶出口量全国第一》,茶周刊微信公众号,2024年2月5日。)

▼
润物无声:
产业兴邦;
民族振兴;
科技创新;
尽善尽美

茶余课后

　　教师准备四款黑茶,并将学生分为两个小组。教师冲泡第一款黑茶,并为每位学生倒一杯,让两个小组的学生猜一猜刚刚喝过的茶是哪种黑茶,比一比哪一组最先猜对,最先猜对的小组记一分。之后教师依次冲泡其余三款黑茶,让每位学生品尝并做出猜想,将得分累计,算出哪一组获胜。获胜的小组将获得教师赠送的茶叶礼包;对于另一组学生,教师可以赠送某一款茶叶作为鼓励。

评价标准

教学评价	评价标准	标准分值	个人评价(10%)	小组评价(30%)	校内外教师评价(60%)	得分合计
课堂纪律(30%)	出勤率	15分				
	课堂纪律	15分				
项目评价(50%)	自主学习能力	5分				
	操作能力	35分				
	处理特殊情况的能力	5分				
	对客服务意识	5分				
团队协作能力(20%)	参与团队任务的积极程度	10分				
	小组分工配合程度	10分				

[①]1亩≈666.6667平方米。

项目测试

线上答题
▼

项目三

一、填空题

1. _____具有"色泽为金、黄、黑相间,水、香、味似果、蜜、花等综合香型"的特点。

2. _____的香气浓郁清长,茶汤滋味醇厚鲜爽,有回甘,具有特殊"岩韵",汤色橙黄清澈。

3. 白族的"三道茶"的品饮顺序依次为_____、_____、_____,并以此来喻示人生哲理。

4. _____的品种为云南大叶种,茶汤滋味浓醇,收敛性强。

5. 武夷四大名丛是指"大红袍""水金龟""白鸡冠"和_____。

6. 舌头各部位的味蕾对于不同滋味的感受不同,_____对苦味最敏感。

7. 文士茶艺虽讲究环境和茶具的清雅,以及饮茶的意境,以_____为目的,但更注重同饮之人。

8. _____的香气特点是鲜嫩,带花果香。

9. 毛里塔尼亚极为喜爱中国的绿茶,进口不少产自中国的眉茶和_____。

10. 判断好茶的客观标准主要从茶叶外形的匀整、色泽、净度、_____来看。

二、判断题

1. 绿茶属于轻发酵茶,故其茶叶颜色翠绿,汤色黄。(　　)

2. 乌龙茶属于青茶类,为半发酵茶,其茶叶呈深绿色或青褐色,茶汤呈密绿色或蜜黄色。(　　)

3. 制作乌龙茶一般采摘两叶一芽的鲜叶,大多为对夹叶,芽叶已较成熟。(　　)

4. 基本茶类可以分为不发酵的绿茶类、全发酵的红茶类、半发酵的青茶类、重发酵的白茶类、后发酵的黄茶类和部分发酵的黑茶类,共六大茶类。(　　)

5. 红茶、绿茶、青茶三大茶类,在香气方面的主要特点分别是红茶为甜香、绿茶为板栗香、乌龙茶为花香。(　　)

三、简答题

1. 茶叶中的咖啡因具有哪些作用?

2. 请举例介绍中国的六大茶类。

项目测试
参考答案
▼
项目三

Note

模块三

茶之应用

项目四
茶事服务之认知

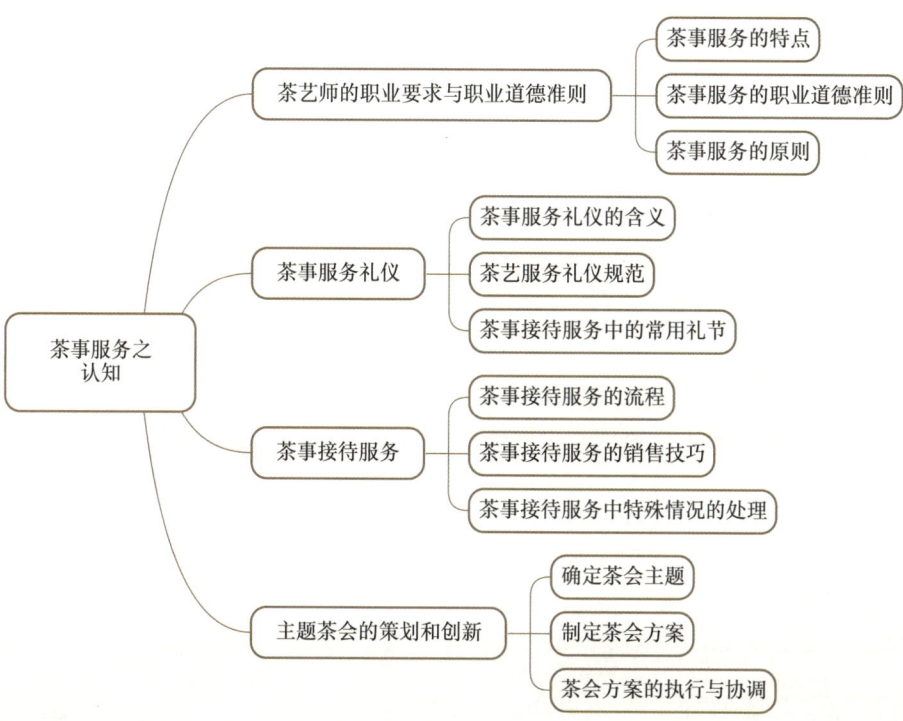

项目情景描述

通过本项目的学习,掌握茶艺师的职业素养,了解茶事服务的基本礼仪和服务流程,并能够创新性开展茶事服务工作,为客人创设良好的消费体验环境。

知识网络

茶事服务之认知
- 茶艺师的职业要求与职业道德准则
  - 茶事服务的特点
  - 茶事服务的职业道德准则
  - 茶事服务的原则
- 茶事服务礼仪
  - 茶事服务礼仪的含义
  - 茶艺服务礼仪规范
  - 茶事接待服务中的常用礼节
- 茶事接待服务
  - 茶事接待服务的流程
  - 茶事接待服务的销售技巧
  - 茶事接待服务中特殊情况的处理
- 主题茶会的策划和创新
  - 确定茶会主题
  - 制定茶会方案
  - 茶会方案的执行与协调

项目目标

知识目标

(1)了解茶事服务的职业要求和职业道德准则。
(2)掌握茶事服务的流程和接待标准。
(3)掌握茶叶的销售技巧和品茶环境的营造方法。

能力目标

(1)能够遵守茶事服务标准。
(2)能够按照流程完成对客茶事接待服务工作。

素养目标

（1）培养爱岗敬业精神，激发对岗位的责任感和荣誉感。

（2）培养良好的职业素养，弘扬劳动精神。

（3）培养创新意识，发扬兼容并包的精神。

任务一　茶艺师的职业要求与职业道德准则

🍵 任务目标

通过本任务的学习，了解茶事服务的职业要求与职业道德准则，提高职业素养。

🍵 任务描述

茶艺师的职业素养会影响整个茶事服务的质量。茶艺师需具备精湛的泡茶技艺、丰富的茶叶知识，以及对茶文化的深刻理解。茶艺师对待客人应诚信、专业，确保提供高质量的服务，同时积极传承和发扬茶文化。

🍵 任务分析

茶艺师的职业素养会影响整个茶事服务的质量。茶艺师不仅要做到仪容仪表整洁大方，主动、热情地接待客人，熟练掌握茶艺技能和茶事接待服务流程，还要具备营造优美的环境的能力，给客人以美的享受。

🍵 任务准备

名称	数量	名称	数量
茶盘	1件	茶壶	1把
茶道组	1件	茶杯	5个
茶叶罐	1件	水盂	1件
茶巾	1条	水壶	1把
茶荷	1件	红茶/绿茶	5克

🍵 任务实施

一、茶事服务的特点

随着现代茶文化的兴起和发展，茶事服务备受关注。茶艺馆所经营的产品具有特

殊性,茶事服务的特点主要表现为以下几个方面。

（一）服务标准的高度职业性

茶事服务是一门科学,服务过程中的每一个动作都有严格的标准。例如:泡茶的程序、分茶的顺序、每杯的茶汤量等,都体现出服务标准的高度职业性。因此,茶艺馆应建立系统的服务质量标准,以此来规范员工的行为,并以标准化服务为前提,在实际服务过程中,不断提高服务质量,避免出现差错或事故。

（二）服务过程的连续性

一般而言,商业服务属于点状服务,即一次性服务(有些商品有售后服务)。而茶事服务属于线状服务,即从客人进入茶艺馆到消费结束离店,整个过程中服务是连续的,包括迎宾、领位、点茶、泡茶、续水、结账、送客等一系列的服务环节,缺一不可。

（三）服务内容的亲和性

茶事服务与其他服务行业都表现出对客人的亲和力,这样才能营造和谐的服务环境,从而实现高质量服务。但与其他服务行业不同的是,茶艺馆在提供服务的过程中强调关系营销、人际沟通,茶艺师通过与客人积极交流,提升客人对茶艺馆的好感,从而提升客人对服务品牌的忠诚度,进而形成相对稳定的客户群。

二、茶事服务的职业道德准则

职业道德准则是指从事一定职业的人们,在职业实践中所遵循的与职业活动紧密联系的道德原则和规范的总和。职业道德包括职业观念、职业良心、职业自豪感等。遵守职业道德有利于提高茶艺师的道德素质和修养,有利于在茶艺行业形成良好的职业道德风尚,有利于促进茶艺事业的发展。茶事服务的职业道德准则的内容具体表现为以下几个方面。

（一）使用文明用语,礼貌待客

文明用语是指茶艺师在接待客人时需使用的一种礼貌语言,是通过外在形式表现出来的,如说话的语气、表情、声调等。茶艺师在与品茶客人交流时应语气平和、态度和蔼、热情友好。

（二）做事尽职尽责

茶艺师要在茶事服务活动中充分发挥主观能动性,做事尽职尽责,处处为品茶客人着想,使他们体验到标准化、程序化、制度化和规范化的茶艺服务。

（三）做到真诚守信

真诚守信和一丝不苟是做人的基本准则,也属于社会公德。真诚守信对于茶艺师来说,是一种职业态度,真诚守信有助于茶艺师获得客人的信赖。

（四）具备钻研精神，精益求精

茶艺人员要想为品茶客人提供优质服务，促进茶文化得到进一步发展，就必须具备丰富的业务知识和高超的操作技能。因此，自觉钻研业务、精益求精就成了一种必然的要求。

三、茶事服务的原则

（一）统一服务标准的原则

茶楼、茶艺馆在为客人提供茶事接待服务时，服务标准是否统一，决定着茶楼、茶艺馆是否规范，是否与茶叶行业接轨。

（二）定制服务方式的原则

为客人定制服务方式是客人服务需求日益复杂多变的必然结果。客人对茶事服务的评价在很大程度上受到客人主观因素的影响，因此，茶艺师在为客人提供茶事服务时，要做到因人而异。

每位客人对品饮的要求、对茶事服务的评价标准是不同的，因此，茶楼、茶艺馆在统一服务标准的同时，要根据客人的要求进行灵活调整，通过语言交流、实践操作等，灵活、高效地完成定制化服务，使客人满意。

（三）体现高雅服务品位的原则

为了能够充分展示茶艺之美，演绎茶文化的丰富内涵，茶艺师在进行茶事服务时，要体现出礼、雅、柔、美、静等方面的基本要求。

1. 礼

在提供茶事服务时，茶艺师要注意礼貌、礼仪、礼节，做到以礼待人、以礼待茶、以礼待器、以礼待己。

2. 雅

茶乃大雅之物，当身处于茶艺馆这样的环境中时，茶艺师的语言、动作、表情等都要符合雅的要求，努力做到言谈文雅、举止优雅，为客人提供高雅的享受。

3. 柔

茶艺师在提供茶事服务时，动作要柔和，同时，讲话的语调要轻柔、温和，展现出一种柔和之美。

4. 美

美主要体现在茶美、器美、境美、人美等方面。茶美是指茶叶的品质好，货真价实，并且能够通过高超的茶艺把茶叶的各种美感表现出来；器美是指茶具的选择与冲泡的茶叶、客人的心理、品茗环境相适应；境美是指茶室的布置、装饰协调、清新、干净、整洁,台面、茶具干净、整洁且无破损等。茶、器、境的美还要通过人美来带动和升华;人美主要体现在服装、言谈举止、礼仪礼节、品行、职业道德、服务技能和技巧等方面。

5. 静

静主要体现在境静、器静、心静等方面。

茶艺馆最忌喧闹、嘈杂,馆内的背景音乐要柔和,任何人在交谈时,声音不宜太大。

茶艺师在使用茶具时,动作要娴熟、自如、柔和,做到轻拿轻放,体现动中有静、静中有动。

此外,茶艺师在提供茶事服务时,应做到心静,即心平气和。茶艺师的心态在泡茶时能够表现出来,并传递给客人,若是表现不好,会影响服务质量,引起客人的不满。因此,管理人员要注意观察茶艺师的情绪,及时帮助情绪不佳的茶艺师调整心态,对于情绪确实不好且在短时间内难以调整的,最好不要安排其为客人服务,以免影响茶艺馆的形象和声誉。

(四)体现服务礼仪的原则

"推销自己比推销商品更重要。"相比于客人当天消费了多少,茶艺馆老板更在意客人是否会再来消费。一些有远见的茶艺馆老板非常在意茶艺师带来的高层次、高品位客人的占比。茶艺师应努力凭借自己的人格魅力招徕客人。那么,茶艺师应该怎样提升个人魅力,为客人提供个性化的服务呢? 具体要做到以下几点。

1. 微笑

茶艺师在提供茶事服务时,应保持微笑,这种微笑是指有魅力的微笑,是发自内心的、得体的微笑。茶艺师每天可以对着镜子练习微笑,真诚的微笑发自内心,只有在心里认同客人的重要性,所展现的微笑才会光彩照人。

2. 语言

一般来说,茶艺师在与客人沟通时,应该做到轻声细语。但对于不同的客人,茶艺师可以进行灵活处理。例如,对于善于言谈的客人,可以加快语速,或随声附和,或点头示意;对于不善言辞的客人,可以放慢语速,增加一些肢体语言,如手势、点头等。总之,应与客人保持"步调一致",从而更能被客人所接受。

3. 交流

茶艺师在对茶艺进行讲述时,不要从头到尾都是自己在说,这会使气氛变得紧张。应该给客人留出空间,引导客人参与进来,除了让客人品茶,还应该让客人开口说话,向客人抛出话题的方法有很多,如真诚地赞美客人等,这样可以迅速拉近茶艺师与客人之间的距离。

4. 功夫

功夫是指茶艺师的专业知识和技能,应做到知茶懂茶、知识面广、表演得体等,这些是成为优秀茶艺师应满足的先决条件。

Note

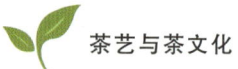

｜他山之石｜

高级茶艺师的职业相关知识见表4-1-1。

表4-1-1　高级茶艺师职业相关知识

职业功能	工作内容	技能要求	相关知识
礼仪与接待	礼仪	(1)能保持良好的仪容仪表。 (2)能有效地与客人进行沟通	(1)仪容仪表知识。 (2)服务礼仪中的语言表达艺术。 (3)服务礼仪中的接待艺术
	接待	能够根据客人特点,提供针对性的接待服务	—
准备与演示	茶艺准备	(1)能够识别主要茶叶品级。 (2)能够识别常用茶具的质量。 (3)能够正确配置茶艺茶具和布置表演台	(1)茶叶质量分级知识。 (2)茶具质量知识。 (3)与茶艺茶具配备相关的基础知识
	茶艺演示	(1)能够按照不同的茶艺要求,选择和配置相应的音乐、服饰、插花、薰香、茶挂。 (2)能够担任三种以上茶艺表演的主泡师	(1)与茶艺表演场所布置相关的知识。 (2)茶艺表演的基础知识
服务与销售	茶事服务	(1)能够向客人介绍清饮法和调饮法的不同特点。 (2)能够向客人介绍中国各地的名茶、名泉。 (3)能够解答客人关于茶艺的疑问	艺术品茗知识
	销售	根据茶叶、茶具销售情况,提出货品调配建议	货品调配知识

｜素养提升｜

"天涯同饮一杯中国茶"

金砖国家领导人第十四次会晤以视频方式举行。即便是"云端相聚",作为东道主,中国在礼宾细节方面依然体现出对各国宾客的礼遇,显示出十足诚意。

"这次金砖会晤的礼宾用品,同样凸显我们国家的东道国地位和热情友好的态度。"洪磊介绍说。中方在会晤开始之前,已经将礼宾用品礼盒寄至与会各国领导人。其中包含金砖会徽,体现中国特色的雕花中式花梨木卡托,以及同样具有中国特色的青花珐琅茶杯等。尤其值得一提的是,中方还将中国的"茶中状元"——"大红袍"红茶放置其中,让外国领导人在会晤时,可以"天涯同饮一杯中国茶"。

Note

作为"礼仪之邦",中国素喜以茶待客,茶礼频频出现在各种重要的外交场合。2018年,在厦门金砖峰会上,"大红袍"、正山小种、铁观音、白茶、茉莉花茶四种茶也被作为"国礼"赠送与会各国领导人。

今年,会场里,屏幕外,伴着悠悠茶香,一个"和"字跨越时空、跨越国界,彰显着中国传统待客之道,更传达着金砖国家的合作之道。

"我们希望在这样一次'云端相聚'的时候,各国领导人依然能够感受到中方东道主的热情。"洪磊这样说道。

(资料来源:《中方介绍金砖峰会礼宾细节 特地安排"天涯同饮一杯中国茶"》,中国新闻网,2022年6月24日。)

润物无声:
以礼相待;
世界观;
文化自信;
礼尚往来

茶余课后

教师将学生分为八个小组,分别练习以下茶事服务礼貌用语(见表4-1-2),小组派出代表轮流进行展示,将得分累计,算出哪一组获胜。获胜的小组将获得由教师赠送的茶叶礼包;对于另一组的学生,教师可以赠送茶叶或积分,作为鼓励。

表4-1-2　茶事服务礼貌用语类别及示例

礼貌用语类别	示例
欢迎用语	若有客人进店,茶艺师应主动打招呼,使用欢迎用语,如"您好!欢迎光临""欢迎您""欢迎你们光临×××茶艺馆""您好,×先生,我们一直恭候您的光临""您好!很高兴见到您"。
称呼用语	使用称呼用语的原则:根据客人的年龄、职业、社会地位、身份、辈分以及与自己关系的亲疏、感情的深浅来选择恰当的称呼。与客人对话时须讲礼貌,使用称呼语如"先生""女士""小姐"等
问候用语	如果能按客人来时的实际时刻问候客人,会显得更加人性化和专业化,如"您早""您好""早上好""下午好""晚上好"等
请求用语	服务过程中可以使用请托语、询问语,如"请用茶""请用毛巾""请往这边走""请问您贵姓""请问您爱喝什么茶""请问您有什么事"等
应答用语	对于客人的疑问,应做到有问必答,体现耐心。在听取客人要求时,可以微微点头,使用应答用语,如"好的""请稍等""马上就来""明白了"等
道歉用语	服务欠妥或客人对服务有意见时,应对客人使用道歉用语,如"对不起""打扰了""抱歉""请原谅"等
感谢用语	得到客人的帮助、理解、支持时,应使用感谢用语,如"谢谢""太感谢您了""谢谢您的提醒"等
道别用语	客人离店时,应主动使用道别用语,如"再见""谢谢光临,请慢走""期待您再次光临""祝您生活愉快"等

Note

评价标准

教学评价	评价标准	标准分值	个人评价(10%)	小组评价(30%)	校内外教师评价(60%)	得分合计
课堂纪律(30%)	出勤率	15分				
	课堂纪律	15分				
项目评价(50%)	自主学习能力	5分				
	操作能力	35分				
	处理特殊情况的能力	5分				
	对客服务意识	5分				
团队协作能力(20%)	参与团队任务的积极程度	10分				
	小组分工配合程度	10分				

任务二　茶事服务礼仪

任务目标

通过本任务的学习,掌握茶事服务礼仪、茶道礼法,掌握茶事服务实践方面的待客之道,感悟中国茶文化的礼仪精髓。

任务描述

从事茶事服务的人员的职业素养会影响整个茶事服务的质量。茶艺人员在提供茶事服务时,不仅要做到个人仪容仪表整洁大方,主动、热情地接待客人,技术技能娴熟,还要能够营造优美的环境,给客人以美的享受和美好的回忆。

任务分析

中国是礼仪之邦。《论语》中写道:"不学礼,无以立。"这句话将礼仪视为个体立身处世的根本。茶事活动是体现高品位的社会活动,整个活动应严格遵循茶艺礼仪。

任务准备

名称	数量	名称	数量
茶盘	1件	茶壶	1把

Note

续表

名称	数量	名称	数量
茶道组	1件	茶杯	5个
茶叶罐	1件	水盂	1件
茶巾	1条	水壶	1把
茶荷	1件	红茶/黑茶	5克

 任务实施

一、茶事服务礼仪的含义

茶艺礼仪是指人们在茶艺活动中约定俗成的行为规范。其本质是"诚",其核心是互相尊重、互相谦让。中国茶文化源远流长,若从神农氏时期算起,距今已有4000多年的历史。茶礼是指在喝茶、倒茶、泡茶等方面的美德与礼节。

茶艺体现了茶文化的精粹,是对茶文化的物化。茶艺师应该具有较高的文化修养,行为举止得体,熟练掌握茶文化知识以及相关泡茶技能,能够在神、情、技等方面打动客人。也就是说,在外形、举止、气质等方面,茶艺师应该努力达到更高的要求。

茶事服务礼仪是指在茶事服务接待中对茶艺礼仪的应用。

二、茶艺服务礼仪规范

(一)仪容仪表

1.得体的着装

服装既可以看作一种文化,反映出一个民族的精神面貌和物质文明的发展程度;也可以看作一种"语言",反映出一个人的职业、文化修养、审美意识。在茶事服务方面,服装可以体现出茶艺师对自己、对他人以及对茶事活动的态度。茶艺师着装的原则是和谐得体,示范样例见图4-2-1。

注意事项:

①茶艺师在泡茶时的着装不宜太鲜艳,要与环境、茶具相匹配。

②处于茶池前的茶艺师的服装式样

教学视频
▼
茶艺礼仪

图4-2-1 得体的着装

以中式为宜,袖口不宜过宽,否则容易碰到茶具或茶汤,给客人留下不稳重的印象。

③茶艺师的服装要经常清洗,保持整洁。

 Note

2. 干练的发型

在发型方面,原则上要求茶艺师选择适合自己的脸型和气质的发型。若女性茶艺师为短发,在发型方面,要求其在低头时,头发不要落下挡住视线;若女性茶艺师为长发,其在泡茶时应盘起头发,刘海不要过眉。示范样例见图4-2-2。

3. 干净的面部

（1）女性茶艺师可以化淡妆,不要喷香水、花露水等味道浓烈的液体,否则会影响茶叶的天然香气。示范样例见图4-2-3。

（2）男性茶艺师在泡茶前要将面部修饰干净,不留胡须。

图 4-2-2　干练的发型

图 4-2-3　干净的面部

4. 优美的手型

女性茶艺师要有双纤细、柔嫩的手,注意适时保养,随时保持洁净;男性茶艺师的手要干净,不留长指甲。在泡茶的过程中,客人会留意茶艺师的手,观看泡茶的全过程,因此,对于茶艺师而言,注意手部清洁就显得格外重要:手指上不要戴饰物,手指甲不要涂带颜色的指甲油,手要洗干净。示范样例见图4-2-4。

5. 正确的姿势

（1）站姿。

站立时,身体要端正,收腹、挺胸、提臀,眼睛平视,下巴微收,面带微笑,平和自然,双臂应自然下垂或将双手在体前丹田处交叉握住。在进行茶艺表演时,茶艺师需要把右手搭在左手上,因为右手为阳,左手为阴,而且右手在上更方便转向下一个动作。示范样例见图4-2-5。

图 4-2-4　优美的手型

图 4-2-5　站姿

（2）坐姿。

坐姿是一种静态造型，坐姿不正确会显得懒散无礼，有失高雅。示范样例见图 4-2-6 至图 4-2-9。

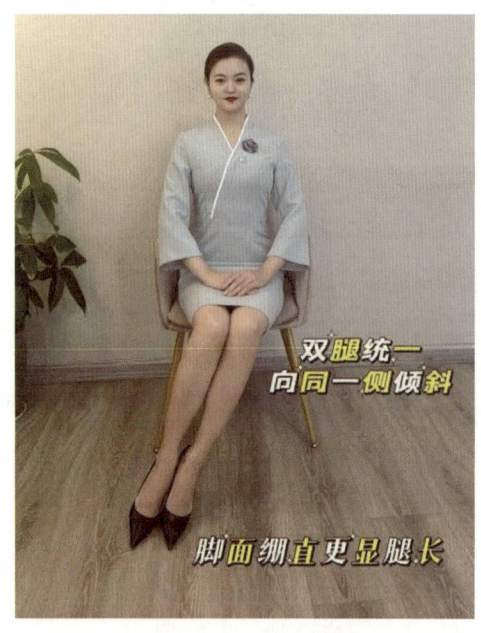

图 4-2-6　侧点坐姿

图 4-2-7　双腿叠放式坐姿

图 4-2-8　跪式坐姿

图 4-2-9　盘腿坐姿

（3）走姿。

在走姿方面,应该呈现一种动态的美。要求上身笔直,目光平视,面带微笑,手臂向前自然摆动,手指自然弯曲。行走时身体重心稍向前倾,腹部和腿部要向上提,由大腿带动小腿向前迈进,行走路线为直线,如图4-2-10所示。茶艺师在行走时要保持一定的步速,不要过急。

（4）蹲姿。

拿取低处物品或拾起落在地上的东西时,不要直接弯下身体翘起臀部,这样既不雅观也不礼貌。正确的蹲姿主要分为交叉式蹲姿(见图4-2-11)和高低式蹲姿(见图4-2-12)。

图 4-2-10 走姿

图 4-2-11 交叉式蹲姿

图 4-2-12 高低式蹲姿

男性茶艺师可选用第二种蹲姿,两腿间可有适当距离。女性茶艺师无论采用哪种蹲姿,都要注意将腿靠紧,臀部向下。头、胸和膝关节不在同一角度上的蹲姿,会显得更典雅、优美。

(二) 茶艺礼节

茶艺中的礼节有鞠躬礼、示意礼、叩指礼、奉茶礼等。

1.鞠躬礼

鞠躬礼是茶艺活动中常用的礼节,有站式、坐式和跪式三种。根据鞠躬的弯腰程度可分为真礼、行礼、草礼三种。真礼多用于主客之间,行礼多用于客人间,草礼多用于说话前后。鞠躬礼的示范样例见图4-2-13。

图 4-2-13　鞠躬礼

2.示意礼

示意礼是茶艺活动或品茗活动中用得较为频繁的礼节。当主泡师与助泡师之间协同配合时,以及主人向客人敬奉各种物品时,都常用此礼节,意为"请""谢谢"。示意礼中的伸掌礼的示范样例见图4-2-14。

图 4-2-14　伸掌礼

3.叩指礼

叩指礼由古代的叩头礼演变而来,是叩头礼的简化。三个指头弯曲表示"跪",指头轻响几下表示"叩首"几下。叩指礼的示范样例见图4-2-15。

图 4-2-15　叩指礼

4. 奉茶礼

奉茶礼是指将泡好的茶恭敬地端给品饮者,端茶时最好使用托盘,注意不要用手指接触杯沿。将茶端至客人面前时,应略弯腰,说"请用茶",也可伸手示意"请"。奉茶时注意不要单手奉茶,要将茶杯的正面朝向客人。若茶杯有杯柄,在奉茶时要将杯柄放置在客人的右手边。奉茶礼的示范样例见图 4-2-16。

图 4-2-16　奉茶礼

5. 寓意礼

在长期的茶事活动中,形成了一些寓意美好祝福的礼仪动作,在冲泡时使用这些礼仪动作,不必使用语言,宾主双方就可进行沟通,表示欢迎。

(1)"凤凰三点头"。手提水壶高冲低斟,反复三次,寓意向来宾三鞠躬。

(2)回旋注水。右手按逆时针方向、左手按顺时针方向回旋注水,类似招呼手势,寓意"来、来、来",表示欢迎;反之,则暗示挥手,寓意"去、去、去"。

(3)茶壶放置。放置茶壶时,壶嘴应朝向自己,不能正对客人,否则表示请人赶快离开。

Note

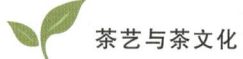
（4）斟茶量。俗话说，"茶满欺客"，斟茶时应只斟七分满，这样客人在端取时不会烫手，寓意"七分茶，三分情"。客人喝过几口茶以后，应为其续上，绝不可以让茶杯见底，寓意"茶水不尽，慢慢饮来慢慢叙"。

（5）行茶时，注意壶底、杯底不应朝向客人。

6. 操作礼节

在茶艺操作中要做到"三轻"：说话轻、走路轻、操作轻。为客人递送茶单、茶食、账单一类的物品时，要使用托盘。

7. 其他礼节

（1）续水。每隔15—20分钟应进行巡茶，续茶时，以不妨碍客人为佳。

（2）起立。茶艺活动中起立，是位卑者向位尊者表达敬意的礼貌举止，通常在迎候或送别宾客、年长者时使用。

三、茶事接待服务中的常用礼节

茶事接待服务中的常用礼节包括：迎送接待礼、递接物品礼、接待鞠躬礼、请茶伸掌礼、奉茶递送礼、谢茶叩指礼、行茶寓意礼、添茶收茶礼。

（一）迎送接待礼

1. 迎宾服务礼仪

（1）迎宾入门。当客人距离门口2米处时，应将门轻轻拉开至与墙面呈90°。

（2）迎宾用语。拉开门的同时，应真诚微笑，目视着对方说："欢迎光临……里面请。"

（3）迅速招待。站立，面带微笑问好，说："您好！请这边坐。"

（4）耐心解答。应耐心回答客人有关茶品、茶点、茶肴，以及服务、设施等方面的询问。

2. 送宾服务礼仪

（1）拉椅提醒。当客人准备离去时，应轻轻拉开椅子，提醒客人带好随身物品。

（2）送客在后。送客时，应送到厅堂口，并走在客人身后，距离客人约1米。

（3）礼貌告别。应主动拉门道别，真诚礼貌地感谢客人，并欢迎其再次光临。

3. 礼貌接待语

茶艺师在接待客人时需要使用礼貌用语，礼貌用语是茶艺师用来向客人表达意愿、交流思想感情和沟通信息的重要交际工具，应贯穿茶艺师的各项接待工作。

礼貌待客服务的"五声"：

① 客人进店有"迎声"："欢迎光临。"

② 客人寻询有"答声"："您好，需要点什么吗？"

③ 客人帮忙有"谢声"："谢谢！"

④ 照顾不周有"歉声":"对不起!"

⑤ 客人离店有"送声":"谢谢光临,请慢走。"

在与客人交谈时,茶艺师的手势不宜过多,动作不宜过大,更不要手舞足蹈。不仰视或俯视客人,以示尊重。此外,在与客人交谈时,茶艺师的目光应正视对方的眼鼻三角区。

(二)递接物品礼

递接物品时,要遵循以下四个原则。

(1)双手为宜(若为单手,需用右手)。

(2)方便对方接收。如果是递送笔,茶艺师应左手握笔帽、右手握笔尖,方便对方接取。如果是递送矿泉水瓶,茶艺师应一只手握住水瓶的瓶盖,另一只手托住水瓶的底部,方便对方直接握住瓶身。如果是递送文件资料,茶艺师应将文件资料的正面朝向对方。

(3)切勿将物品的危险一侧朝向对方。例如,茶艺师在递送尖头物品时,注意物品的尖头不要正对着对方。

(4)卫生干净。如果是递送茶杯,请勿将手触碰杯身的上 1/3 处,这一区域为对方口部接触位置。

(三)接待鞠躬礼

1. 站式鞠躬礼

(1)一只脚在前,另一只脚在后,呈丁字状,两脚之间夹角为 15°—30°,右手置于左手手指之上,呈八字叠放,四指合拢至于腹前。

(2)手在身前搭好或放在腿的两侧,以腰为轴,上身挺直,眼睛向前下方看。

(3)直起时目视脚尖,缓缓直起,面带微笑。

(4)俯下和起身的速度应保持一致,动作轻松、自然。

① 真礼:用于主客之间,弯腰 90°。

② 行礼:用于客人之间,弯腰 45°。

③ 草礼:用于说话前后,弯腰 30°。

2. 坐式鞠躬礼

(1)在坐姿的基础上,头身前倾,双臂自然弯曲,手指自然合拢,双手掌心向下,自然平放于双膝上或双手呈八字形轻放于双腿中、后部位置。

(2)直起时目视双膝,缓缓直起,面带微笑。

(3)俯下和起身时的速度应保持一致,动作轻松、自然。

① 真礼:头身前倾约 45°,双手平扶膝盖。

② 行礼:头身前倾约 30°,双手呈八字形放于大腿中间。

③ 草礼:头身略前倾,双手呈八字形放于双腿后部位置。

3. 跪式鞠躬礼

在跪坐姿势的基础上,头身前倾,双臂自然下垂,手指合拢,双手呈八字形,或掌心向内,或平扶,或垂直放于地面(置于双膝前)。行礼规范同坐式鞠躬礼。

(四)请茶伸掌礼

请茶伸掌礼是在茶事活动中常用的特殊礼节,主要在向客人敬茶时使用,送上茶之后,说"请品茶"。

(1)二人相对时,可均伸右手掌请茶。

(2)晚辈给长辈倒茶时,可右手食指轻点一下桌边,表示"点头",点三下表示"欣赏"。

(五)奉茶递送礼

1. 茶桌奉茶标准

为客人奉茶要讲究同一时间、同一浓度、同一数量的茶。

奉茶顺序:先宾后主,先长辈后晚辈,先上级后下级,先女士后男士。若不清楚顺序,按顺时针方向奉茶。

茶艺师应右手拿杯身,左手托杯底,勿将手触碰杯身的上1/3处,应用标准手势面带微笑说"请用茶"。

奉茶后可以邀请客人闻香,客人闻后茶艺师才能闻。闻香的标准动作:放在离鼻端2—3厘米处,与鼻子呈45°夹角,深吸3秒。

需要注意的是,在奉茶完毕后,茶艺师要随即用茶巾将滴在茶桌上的水渍擦拭干净。

2. 30秒奉茶标准

客人进门后,30秒内奉上一杯茶。距离客人1米时点头微笑,距离0.5米时微笑、问好、奉茶。

标准用语:"先生/小姐您好! 请喝杯茶。"

奉茶完毕后,面对客人后退一步,再转身离开。

(六)谢茶叩指礼

叩指礼即用手指轻轻叩击茶桌来行礼,以致谢意。

(七)行茶寓意礼

1. 操作手法

(1)"凤凰三点头"。手提水壶高冲低斟,反复三次,寓意向客人三鞠躬以示欢迎。

(2)敬茶。高举起眉,举起茶杯,低头示意。

(3)斟茶方向。若用左手斟茶,应按顺时针方向回转,表示"欢迎客人"的意思。若用右手斟茶,必须按逆时针方向向内回转。若反方向操作,为"逐客"之意。

（4）取物礼仪。手臂应绕过茶具取物,忌手臂越过茶具取物。

2. 茶具摆放

（1）茶具的字画应迎向客人,以示敬意。

（2）茶壶壶嘴不能正对客人,否则表示"请客人离开"。

3. 斟茶礼仪

（1）斟茶水量。

斟茶时,无论茶杯是大杯还是小杯,都不宜倒得太满,太满了容易溢出,会弄湿桌子、凳子、地板,倘若不小心,还会烫伤自己或客人的手脚,使宾主都很难为情。

斟茶时,也不宜倒得太少,倘若茶水只遮过杯底就端给客人,会使客人觉得不是诚心实意。

斟茶时,一般倒七分满即可。

（2）斟茶顺序。

当茶杯排成圆形时,讲究逆时针巡壶斟茶,表示"欢迎客人"。忌讳顺时针方向斟茶。茶艺师应养成逆时针回转斟茶的习惯。

在用盖碗品茶时,如果不是客人自己揭开杯盖要求续水,茶艺师不可主动为客人揭盖添水,否则视为不敬。

（八）添茶收茶礼

添茶的时候要先为客人添茶,最后再为自己添茶。有两位以上的访客时,用茶盘端出的茶水的茶色要均匀,并用左手捧着茶盘的底部,右手扶着茶盘的边缘。若有茶点心,应放在客人的右前方,茶杯应摆在点心右边。上茶时,应以右手端茶,从客人的右方奉上。

此外,必须要等客人走后才能收茶,并把茶具清洗干净、收好,以备下次待客使用。

个人形象礼仪评分表见表4-2-1。

表4-2-1　个人形象礼仪评分表

学生姓名：

学号：

项目	评分标准	标准分值	组内评分（30%）	组间评分（30%）	教师评分（40%）	最终得分
仪容礼仪（30分）	妆容修饰得体规范、干净淡雅	15分				
	发型修饰干净整洁。其中,女士应正确盘发,且无碎发	10分				

Note

续表

项目	评分标准	标准分值	组内评分（30%）	组间评分（30%）	教师评分（40%）	最终得分
仪容礼仪（30分）	手部卫生、干净,指甲不宜太长,不涂有颜色的指甲油,无任何配饰,无异味	5分				
仪表礼仪（15分）	茶服的选择和搭配与茶具、环境相协调	5分				
	茶服干净整洁,无折痕	5分				
	鞋子的选择适宜	5分				
仪态礼仪（55分）	站姿:身体挺直,双肩放松,两眼平视,手位、脚位规范	15分				
	坐姿:全身放松、自然,端坐中央,双腿并拢,上身挺直,头部上顶,下颌微收。坐下后,手呈八字放在茶台上	15分				
	走姿:双肩放松、下颌微收,两眼平视。手位规范,上身保持平衡	15分				
	蹲姿:当拾取物品时,应在物品的一侧下蹲。当面向他人下蹲时,应侧身相向（较高的腿对向他人）下蹲,起身时上身挺直,身体保持平稳	10分				
得分合计		100分				

| 他山之石 |

高级茶艺师职业的相关知识见表4-2-2。

表4-2-2　高级茶艺师职业相关知识

职业功能	工作内容	技能要求	相关知识
礼仪与接待	礼仪	(1)能保持良好的仪容仪表; (2)能与客人进行有效沟通	(1)仪容仪表知识; (2)服务礼仪中的语言表达艺术; (3)服务礼仪中的接待艺术
	接待	能够根据客人的特点,提供针对性的接待服务	—

续表

职业功能	工作内容	技能要求	相关知识
准备与演示	茶艺准备	(1)能够识别主要茶叶的品级； (2)能够识别常用茶具的质量； (3)能够正确配置茶艺茶具和布置表演台	(1)茶叶质量分级知识； (2)茶具质量知识； (3)与配备茶艺茶具有关的基础知识
准备与演示	茶艺演示	(1)能够按照不同茶艺的要求,选择和配置相应的音乐、服饰、插花、薰香、茶挂； (2)能够担任三种以上茶艺表演的主泡师	(1)与布置茶艺表演场所有关的知识； (2)茶艺表演的基础知识
服务与销售	茶事服务	(1)能够介绍清饮法和调饮法的不同特点； (2)能够向客人介绍中国各地的名茶、名泉； (3)能够解答客人对于茶艺的疑问	艺术品茗知识
服务与销售	销售	能够根据茶叶、茶具销售情况,提出货品调配建议	货品调配知识

素养提升

"茶叶泰斗"张天福

　　张老先生长期从事茶叶教育、生产和科研工作,特别在培养茶叶专业人才、创制制茶机械、提高乌龙茶品质等方面有很大成绩,对福建茶业的恢复和发展做出了重要贡献。其晚年致力于审评技术的传授和茶文化的倡导。

　　2013年,已103岁高龄的张天福,依然精力旺盛。他的养身健体之道就是饮茶。他说"茶是万病之药",一天也离不开它。他极力推崇我们祖先创造的宝贵财富——中国茶文化,也高度评价福建茶叶从唐宋以来对发展中国茶文化所做出的重要贡献。他说,随着中国茶文化传播到世界各地,在日本形成了以"和、敬、清、寂"为内涵的日本茶道;在新加坡形成了以"和、爱、谦、静"为内涵的新加坡茶艺。他认为,这些都不能完整地体现茶文化精神。他综合了中国"茶圣"陆羽在《茶经》中提出的"(茶)最益精行俭德之人"和宋徽宗赵佶在《大观茶论》中提出的"致清导和""韵高致静",提出以"俭、清、和、静"为内涵的中国茶礼。他说,"俭"就是勤俭朴素,"清"就是清正廉明,"和"就是和衷共济,"静"就是宁静致远,这种精神体现了中华民族自唐宋以来提倡的高尚的人生观和处世哲学。

润物无声:
工匠精神;
传道授业;
民族瑰宝;
精行俭德;
人生观

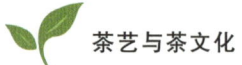

茶余课后

教师将学生分为八个小组,分组练习茶事服务礼仪,小组派代表依次进行展示,将得分累计,算出哪一组获胜。获胜的小组将获得由教师赠送的茶叶礼包和相应的积分;对于另一组的学生,教师可以赠送某款茶叶作为鼓励。

评价标准

教学评价	评价标准	标准分值	个人评价(10%)	小组评价(30%)	校内外教师评价(60%)	得分合计
课堂纪律(30%)	出勤率	15分				
	课堂纪律	15分				
项目评价(50%)	自主学习能力	5分				
	操作能力	35分				
	处理特殊情况的能力	5分				
	对客服务意识	5分				
团队协作能力(20%)	参与团队任务的积极程度	10分				
	小组分工配合程度	10分				

任务三　茶事接待服务

任务目标

通过本任务的学习,掌握茶事接待服务的流程,能够遵循茶事接待服务的标准,运用茶事接待服务礼仪,合理进行茶产品销售,做好客人的茶事接待服务工作。

任务描述

本任务主要介绍了茶事接待服务的流程,包括接待准备、迎接客人、点单操作、茶水冲泡、席间服务、买单收银以及善后工作,并对茶产品的销售技巧进行了讲解。

任务分析

茶艺师在组织茶事接待活动前要做好充分的准备工作,在茶事接待过程中既要遵循茶事接待服务的标准,也要针对客人的个性化需求进行灵活调整,为客人提供美好的品茶体验。

Note

🍵 任务准备

名称	数量	名称	数量
茶盘	1件	茶壶	1把
茶道组	1件	茶杯	5个
茶叶罐	1件	水盂	1件
茶巾	1条	水壶	1把
茶荷	1件	红茶/黑茶	5克

🍵 任务实施

茶事接待服务的流程主要包括接待准备、迎接客人、点单操作、冲泡流程、席间服务、买单收银、善后工作等。

一、茶事接待服务的流程

（一）接待准备

接待员要根据当日客人预订情况和接待情况，备好接待用水、接待用品，布置好相应的接待环境。

（二）迎接客人

领位员应站在茶艺馆门口等候客人的到来。

当客人走到茶艺馆门口时，领位员要面带微笑，热情迎接，并主动向其打招呼（"先生/女士，欢迎光临！"）。若客人为常客，领位员可直接称呼客人的姓氏加职位头衔，并可适当与客人进行寒暄。

对于第一次来茶艺馆的客人，领位员要询问其是否有预订。如果客人有预订，领位员应先查询预订系统的相关记录，再将客人引领至其所预订的桌位；如果客人没有预订，领位员需要询问客人有几位，根据人数安排座位，并将客人引领至相应的桌位。

（三）点单操作

（1）递送茶单。茶艺师应为客人递上茶水单、小食单，若是客人使用智能设备自行点单，茶艺师需要指导客人使用。

（2）问候客人。根据实际时间礼貌问候客人，如"早上/下午/晚上好"，之后简要介绍自己，并询问客人是否需要现在点单。在这一环节，应使用"请""您好""打扰一下""谢谢""很乐意为您效劳"等礼貌用语。

（3）点茶服务。应站在客人左侧，耐心等待客人浏览茶单。在回答客人的提问时，身体应略前倾。为客人呈上香巾、小吃后，应记住客人的习惯、爱好及特殊要求，并做

Note 🍵

好相关记录。

（4）推荐茶品。询问客人的饮茶喜好、健康状况等,并根据客人的需要推荐茶品;若客人对茶不太了解,可以简单介绍茶单上的主要茶品,耐心回答客人的提问。

（5）记录并下单。具体流程包括:清楚、准确地记录每位客人所点的茶品、茶点后,复述客人的点单,请客人确认;之后,收回茶单,告知客人大约的等待时间,并迅速下单。

（四）冲泡流程

（1）备茶具:根据客人人数准备品茗杯、杯托,以及容量合适的泡茶器、公道杯等茶具。

（2）备水、茶:烧水备用,根据饮茶者的数量取茶叶,置于茶荷中,方便客人观赏干茶。用沸水冲洗茶具,若茶具已经过消毒器消毒,应检查后,将其摆放在客人面前。

（3）冲泡:根据茶品确定水温、茶水比和冲泡手法。一般一样茶最少冲泡三道,在茶汤滋味转淡时,征得客人同意后可换茶。

（4）分茶:茶汤从泡茶器收集到公道杯后,依照一定的顺序(如座次顺序等)依次将茶汤分至客人面前的品茗杯。动作要流畅,保持每杯茶汤均匀。

（5）推荐茶品:在泡茶动作间歇,可与客人进行适当交流,可以推荐茶品,若客人有疑问或提出了感兴趣的话题,在不影响泡茶动作的前提下,务必耐心解答或给予必要关注。

（6）续杯:当公道杯里还有茶汤时,应留意客人品茗杯中茶汤的余量,及时添加;公道杯里的茶汤分尽时,可开始下一道冲泡。

（五）席间服务

（1）巡台服务。若客人需加小吃、果盘等,应为客人热情推销。执台期间应勤换烟缸,为客人续水、清洁台面等,维持饮茶的高雅环境。

（2）巡回续茶。及时关注客人品茗杯中茶汤余量,斟茶时茶汤量达到杯子的七分满,如果客人没有特殊要求,则当杯中茶汤量少于1/3时,及时续茶汤。

（3）关注茶汤温度。客人因短时离座或耽于交谈,没有及时饮茶,杯中的茶汤已冷,这时应先询问客人,经客人同意后,为客人换热茶汤。

（4）茶点的添续。部分主题茶会有茶点配备,有时客人在茶台前饮茶时间较长,或者有"不胜茶力"者,需要添加与茶类相搭配的茶点。茶艺师需要注意茶点的取用情况,及时进行补充。

（5）保持茶台整洁。茶艺师需要关注器具的摆放和台面的洁净程度,及时进行清洁。

（六）买单收银

（1）结账准备。当品饮环节接近尾声时,茶艺师应前往收银台核对账单。当客人要求结账时,茶艺师应请客人稍做等待,自己立即去收银台取账单。应准备好结账用笔,将账单放入账单夹,并确保账单夹打开时,账单正面朝向客人。

（2）递送账单。走到客人右侧,打开账单夹,右手持账单夹上端,左手托住账单夹下端,递送至客人面前,请客人查看账单。注意不要让其他客人看到。

（3）处理付款并致谢。双手接过客人的现金或信用卡,送至收银台,在为客人找零或将卡还给客人时,应对客人礼貌致谢。

（七）善后工作

（1）客人离开后,茶艺师应及时关闭空调,打开门窗通风,并通知相关保洁人员清洁茶室卫生。

（2）茶艺师应清点并登记本次接待所使用的物品,未使用完的物品应及时收回操作间,并做好密封及归类摆放工作,以便下次使用。

（3）茶艺师若发现客人的遗留物品,应及时汇报领导并妥善保管。

（4）保洁人员清洁完毕后,管理人员应检查茶室门窗及电源是否关闭,操作间在不使用时应及时关闭并上锁。

二、茶事接待服务的销售技巧

对于茶艺师而言,最为重要的工作莫过于客人接待。客人接待是指茶艺师向客人提供茶事服务、销售茶产品的过程。在茶事接待过程中,茶艺师不仅要注意自己的服务态度,更要讲究接待方法和销售技巧,全面贯彻主动、热情、耐心、诚恳、周到的服务理念。

客人入座后,茶艺师应立即送上茶单,为客人提供点茶服务。一般来说,点茶服务可分为被动点茶和主动点茶两种方式。被动点茶是指以客人点茶为主,茶艺师只用完整地记录客人的茶饮要求即可。这种点茶方式缺乏主动性,不能适时推销茶饮产品,容易造成茶饮产品特别是新产品的滞销,因此茶艺馆一般提倡主动点茶方式,即茶艺师结合客人的个性特征为其推荐合适的茶饮产品。成功的推荐既可以使客人满意,又能为茶艺馆增加茶饮收入。

恰到好处地推荐茶饮产品是一项专业技巧,需要茶艺师掌握推荐时机,能够根据客人的状况和品饮季节进行推荐,并多用建设性的语言,使客人感受到茶艺师是站在他们的立场上为他们提供服务的,而不是谋求茶艺馆的利润进行推销。一般来说,茶艺师主动推荐茶饮产品时应注意以下几个方面。

（1）掌握推荐时机。

推荐时机是否合适,直接关系到客人对所推荐的茶饮产品的态度以及最终结果。一般来说,如果客人是第一次光临,对茶艺馆的茶饮产品不甚了解,这种情况下茶艺师可以为客人进行推荐。其次,客人对所点茶饮产品犹豫不决时,茶艺师可以进行针对性的推荐。这种情况一般是客人对于茶饮产品需求不一致,或是想品尝一下茶艺馆的其他茶饮产品,但又不知是否能够适应而引起的。对于此类情况,茶艺师应根据实际情况以及客人的消费需求进行适当的推荐。此外,茶艺馆正在进行茶饮产品促销活动

Note

时,茶艺师可有针对性地向客人介绍促销的茶饮产品的具体信息,如质量、价格、相关服务等。

（2）根据季节推荐茶饮。

科学饮茶讲究因时而异,不同的节气应饮用不同的茶叶。春季万物复苏、百花竞放,宜饮用香味浓郁、饮用后可以顺气暖胃的玳玳花茶,或是清雅的、能够去湿的珠兰花茶。夏季气温炎热,适宜饮用绿茶、白茶,可清热生津,给人以清凉之感。秋季天高气爽,气温逐渐降低,因此适宜饮用乌龙茶,以增加人体的热量,抵御寒气的侵袭。冬季气温寒冷,适宜饮用普洱茶和红茶。

（3）运用合适的推荐方法。

一般来说,客人对于没有听过、看过、尝过的茶饮产品会比较抗拒,即使在茶艺师介绍后产生了一定的兴趣,还是会犹豫不决。因此,茶艺师在推荐新的茶饮产品时,最好能够详细地向客人介绍该产品的信息,如茶叶的色泽、香气、味道、汤色、保健功效以及价格等,有条件的可以让客人品尝一下,这样可以避免在具体服务时出现争议。

三、茶事接待服务中特殊情况的处理

（一）客人损坏茶具

当客人不小心打碎茶具时,茶艺师应首先关心客人是否受伤,然后立即将打碎的茶具收拾干净,再为客人换上干净的茶具。但需要注意的是,茶艺馆的茶具一般都是配套用具,质地较好,因此在最终结账时,茶艺师应委婉向客人进行说明,并收取赔偿费用。

（二）客人要求自己泡茶

通常客人到茶艺馆中喝茶,都是由茶艺师提供泡茶服务的,但也有客人出于种种原因,不喜欢茶艺师过多打扰,提出自己泡茶的要求,对于此类客人,茶艺师应尊重客人的要求。服务期间,茶艺师将泡茶所需用具及茶叶等准备好后,不要频繁出入房间,但要注意及时添加随手泡中的泡茶用水。

（三）结账时客人对账单提出异议

若客人在结账时,觉得账单与实际消费有出入,茶艺师应根据具体情况进行处理。如果在客人点茶时,因为茶艺师没有介绍清楚具体的收费方法（如计时收费、依据包房类型收费、依据壶/杯数额收费等）引起争议,茶艺师应拿出账单耐心解释,争取客人的谅解。如果是茶艺师在开账单时出现的错误,应马上更正,重新计算、输出账单,并对客人表示歉意。如果是客人自己计算有误,茶艺师也应耐心向客人解释,必要时根据账单内容与客人一起核算,不要表现出不耐烦或不满的情绪。出现此类状况后,若客人账单有需要修改的部分,经经理签字后方可更改。茶事服务技能评分表见表4-3-1。

表 4-3-1　茶事服务技能评分表

学生姓名：
学号：

项目	评分标准	标准分值	组内评分（30%）	组间评分（30%）	教师评分（40%）	最终得分
待客礼仪（15分）	发型、服饰与茶艺表演类型相协调	5分				
	形象得体，用语得当，口齿清晰，表情自然，面带微笑	5分				
	动作、手势、站姿、坐姿等正确且得体	5分				
布具收具（10分）	做好茶具准备工作，不遗漏茶具，茶具摆放位置合理	5分				
	服务结束后，将茶具清洁干净，依照标准摆放整齐	5分				
冲泡流程（40分）	整体操作动作适度，自然流畅，双手摆放位置正确	10分				
	投茶量、水温及冲泡时间把握合理	10分				
	赏茶、品茶时解说自然流畅，冲泡过程完整	10分				
	过程中与客人交流顺畅，互动良好	10分				
茶汤质量（20分）	充分展示茶的色、香、味、形	15分				
	茶汤均匀、浓度适当	5分				
席间服务（10分）	操作正确规范，动作专业	5分				
	具备服务意识，关注客人需求	5分				
收银（5分）	过程规范、流畅，能随机应变	5分				
得分合计		100分				

他山之石

如何有针对性地提供茶事服务

中国是一个多民族国家，每个民族有自己独特的文化和饮茶习俗。茶艺师在提供茶事服务时，要结合不同民族的特点，提供针对性的服务，下面以一些民族为例进行介绍。

Note

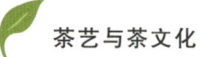
1.汉族

汉族大多推崇清饮,以绿茶、花茶、乌龙茶等为主要茶品。茶艺师可以根据客人所点茶品采用不同的冲泡方法进行服务。当客人茶杯里的茶水剩余1/3时,需为客人添水。在为客人添水3次后,应询问客人是否需要换茶。

2.蒙古族

茶艺师在为蒙古族客人服务时,要特别注意敬茶时用双手,以示尊重。客人将手平伸,在杯口上盖一下时,表明不再喝茶,茶艺师可停止为其斟茶。

3.藏族

藏族人喝茶遵循一定的礼节,如喝第一杯时会留下一点,在喝过两三杯后会把再次添满的茶汤一饮而尽,表明不再喝茶,茶艺师可停止为其斟茶。

4.维吾尔族

在为维吾尔族客人服务时,茶艺师要当着客人的面清洗茶具。此外,茶艺师为客人端茶时要用双手,以示尊重。

素养提升

以茶会友　共结和平

中国是礼仪之邦,素有以茶待客、以茶示礼的民俗,不同地域形成了不同的敬茶之礼,茶礼在日常社交、亲友往来、国际交往中起到了构建和谐人际关系、维护社会秩序、促进有效沟通的重要作用。"从古代的丝绸之路、茶马古道、茶船古道,到今天的丝绸之路经济带、21世纪海上丝绸之路,茶'穿越历史、跨越国界',深受世界各国人民喜爱。"茶已经成为中华民族与世界各国以茶会友、共结和平、交流合作、互利共赢的重要纽带。近年来,习近平多次与外国领导人一起"茶叙"外交,共话美好未来。通过在思政课实践教学中研习茶礼,学生可以领略茶俗、茶礼中"天人合一""以和为贵"的思想文化精髓,深刻认识"亲诚惠容""共商共建共享"的习近平外交思想中彰显的中华民族的包容精神和大国胸怀。

(资料来源:https://m.huanqiu.com/article/9CaKrnJZMsY。)

茶余课后

教师将学生分为四个小组,分组练习茶事接待服务中的特殊情况处理,由教师为学生提供相关案例,各组进行情景模拟,并录成视频上传至学习通平台。分别由学生个人、小组成员、校内外教师对学习成果进行评价,并将得分累计。获胜的小组将获得教师赠送的茶叶礼包和积分;对于其他小组的学生,教师可以赠送某款茶叶作为鼓励。

评价标准

教学评价	评价标准	标准分值	个人评价（10%）	小组评价（30%）	校内外教师评价（60%）	得分合计
课堂纪律（30%）	出勤率	15分				
	课堂纪律	15分				
项目评价（50%）	自主学习能力	5分				
	操作能力	35分				
	处理特殊情况的能力	5分				
	对客服务意识	5分				
团队协作能力（20%）	参与团队任务的积极程度	10分				
	小组分工配合程度	10分				

任务四　主题茶会的策划和创新

任务目标

通过本任务的学习，了解茶会的常见主题和环节，能自主策划小型主题茶会。

任务描述

茶会是以茶为媒介、为达到特定目的而举行的多人交流活动。现代茶会既不像古代茶宴那样隆重和讲究，也不像日本"茶道"要有一套严格的礼仪和规则，当今茶会已成为各界人士进行交流、增进感情的主要方式。各种形式和规模的茶会开始频繁出现在社会生活中。本任务对茶会策划进行了详细介绍，内容包括确定茶会主题、制定茶会方案、茶会方案的执行与协调等。

任务分析

一场茶会的策划，涉及很多元素，如主题、形式、规模、时间、地点、参与者、预算等。策划人需要具备一定的会议组织能力、资源协调能力、沟通能力等。茶会的举办，包含布置场地，准备茶、水、器、物，安排接待服务等，要求接待人员掌握一定的茶事服务技能。

Note

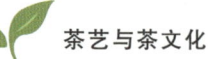 任务准备

名称	数量	名称	数量
茶盘	1件	茶壶	1把
茶道组	1件	茶杯	5个
茶叶罐	1件	水盂	1件
茶巾	1条	水壶	1把
茶荷	1件	红茶/黑茶	5克

任务实施

茶会策划的流程包括:确定茶会主题、制定茶会方案、茶会方案的执行与协调。

一、确定茶会主题

按照茶会的目的,通常可以将茶会分为节日茶会、研讨茶会、艺术茶会、联谊茶会、喜庆茶会、交流茶会等。从国际视野来看,茶会包括日本茶会、韩国茶会、英国茶会等。茶会的模式并不是一成不变的,我们可以根据不同的主题、茶品、参与者来灵活设计。

(1)根据举办茶会的目的的不同,可以将茶会分为以下主题类型。

① 节日茶会,是指在传统节日或法定节日,以庆祝或纪念为目的所举办的茶会,如元宵茶会、清明茶会、中秋茶会、国庆茶会等。

② 研讨茶会,是指围绕学术研讨或专项议题而举办的茶会,如专题下午茶会、商务茶会等。

③ 艺术茶会,是指围绕相关艺术鉴赏而举办的茶会,如闻香茶会、诗书画茶会等。

④ 联谊茶会,是指为交友联谊而举办的茶会,如校友茶会等。

⑤ 喜庆茶会,是指为庆贺某事而举办的茶会,如寿诞茶会、婚礼茶会等。

⑥ 交流茶会,是指为交流技艺或分享经验而举办的茶会。

(2)根据举办的形式的不同,可以将茶会分为以下类型。

① 茶席式。

茶席式茶会分为三种形式:在家里的泡茶桌上泡茶招待客人;在庭院里,或在户外,席地设置茶席招待客人;在榻榻米上设置茶席招待客人(日本茶道)。

② 宴会式。

为庆祝国际学术研讨会的召开,或为庆祝公司成立周年而举办的开幕茶会或庆祝茶会,属于宴会式茶会。这样的茶会可能会设置许多茶席,每个茶席会冲泡不同类型的茶招待来宾(个别供茶式);也可能只设置一个大吧台,由大吧台统一供应各种茶水(统一供茶式)。茶席或吧台前是不设座位的,大家游走于会场观赏各茶席或找友人聊天。

③ 流觞式。

这是由"曲水流觞"演变而来的一种茶会形式,与会者大多围坐曲水两侧,还有一组人员集中于上游泡茶,将泡好的茶用茶盅盛放,置于可以漂浮于水面的小船(羽觞)上,任其顺流而下。坐于曲水两侧的来宾可以从小船上取茶盅,将茶倒入自己手边的杯子进行饮用。稍后可能会漂下来一盘茶食,大家也可以根据需求食用。饮宴期间,还会漂下来红色的羽觞,与会者需要从中抽取一张签条,签条上会写明与会者所要做的事情,如吟唱一首诗、回答一个问题。这样的茶会形式称为"流觞式",这样的茶会可以称为"曲水茶宴"。

④ 环列式。

环列式是指饮茶者围成一圈泡茶的一种茶会形式,通常有一定的组织方式,如抽签决定座次等,一般为席地泡茶,茶具自备,泡法不拘。依事先约定好的泡茶杯数与次数,如约定泡茶四杯,就将三杯奉给左邻(或右邻)三位茶友,一杯留给自己。泡完约定的次数后,会听一段音乐或静坐两三分钟,之后收拾茶具,结束茶会。这就是所谓的"无我茶会"。

⑤ 礼仪式茶会。

这种形式的茶会有较严谨的仪式,通常用来表现特定的意义。例如:四序茶会用来表现四季运转的自然规律与变化;献茶礼用以追念先贤;寺院茶礼通常应用于寺院内诸如新住持上任、讲经开始、感谢供养人等仪式。

二、制定茶会方案

确定茶会主题后,要制定茶会方案,明确茶会的形式、规模、时间、地点、参与者、预算等。

(1)茶会主题/主客的互动形式。茶会一般分为单人泡、双人泡、多人泡。主客互动主要有固定位、流动位等形式。

(2)茶会规模。一般2—8人为小型茶会,9—30人为中型茶会,30人以上为大型茶会。与会人数与茶会形式密切相关,同时要考虑茶、水、器、物的配备量,场地条件及预算等因素。

(3)时间。参与者需要确定好茶会的时间。

(4)在地点方面,通常选择通风好、离休息区近的场地。如果是户外茶会,需选择平坦开阔,视野良好,满足烧水、备具条件和安全疏散要求的场地。

(5)参与者。参与茶会的人员的情况也是制定茶会方案时应考虑的要素,如果参与者年龄较大,需考虑场地的硬件设施和针对性措施等。

(6)预算。一般包括场地使用费用、布置费用、服饰及道具费用、茶会消耗物料费用、人员培训费用等。

三、茶会方案的执行与协调

在执行茶会方案前,还需协调场地、人员、物料等方面,涉及场地的布置、茶水器具的准备、服务人员的培训等。茶会方案的执行与协调可以分为会前准备、会中服务、会后总结收尾几个方面。

（一）会前准备

（1）联络征询愿意主办或协办的单位，确定来宾、主持人等。

（2）场地横幅、背景等的设计、制作、布置；泡茶台、桌、椅、凳等，需根据茶会主题要求和人员情况摆放；茶艺表演环节需要的道具、服饰等的准备；茶会资料、会场导引牌、席签等的设计、制作；茶会活动区、服务区、休息区的设定；现场摄录、媒体安排。

（3）基于参会人数准备茶叶、泡茶用水、器具等，可根据具体情况准备与茶饮相配的茶点。

（4）根据茶会主题，安排场地工作人员，并有针对性地开展接待服务、摄录和场地维护等方面的培训。

（二）会中服务

不同的茶会形式，其接待服务要求也有区别。通常茶台前客人的茶水添续由主人负责，场地内服务人员主要配合指引来宾，搬放茶艺道具，补充茶叶、泡茶用水、茶点等。

（三）会后总结收尾

工作内容包括：回收器具，拆除道具，清理场地等；安排来宾返程交通等；费用结算等；编辑、发布文字报道、影像材料等。茶会策划技能评分表见表4-4-1。

表4-4-1 茶会策划技能评分表

学生姓名：
学号：

项目	评分标准	标准分值	组内评分（30%）	组间评分（30%）	教师评分（40%）	最终得分
策划方案（40分）	确定主题，有创意，立意正向	10分				
	根据主题设计合理的茶会形式	10分				
	茶会规模、时间、地点、参与者、预算等设计科学	10分				
	选择的茶品和冲泡形式能与茶会主题相得益彰	10分				
事前准备（20分）	联系嘉宾，有序组织工作人员，培训到位	5分				
	能根据茶会需要，有序布置场地	10分				

续表

项目	评分标准	标准分值	组内评分（30%）	组间评分（30%）	教师评分（40%）	最终得分
事前准备（20分）	做好茶、水、器等方面的准备工作，相关物品摆放位置合理	5分				
事中服务（20分）	设施齐备，人员到位，服务有序	10分				
	茶艺表演与冲泡服务有序进行	10分				
事后收尾（15分）	茶会结束后将茶具清洁干净，依照备具标准摆放整齐，场地清理彻底	5分				
	人员安排妥当，财、物等方面结算清楚	5分				
	文字报道、影像材料记录完整	5分				
团队精神（5分）	分工明确，团队协作、配合到位	5分				
得分合计		100分				

| 他山之石 |

对 VIP 的茶事接待服务

（1）茶事接待服务人员要了解当日是否有 VIP 预订，及其时间、人数、特殊要求等。

（2）根据 VIP 的等级及茶艺馆相关要求准备茶具、茶点。

（3）检查将要使用的茶叶和茶点质量，茶具要进行精心挑选并消毒。

（4）提前 15—20 分钟将准备好的茶叶、茶点、茶具摆放好。

（5）VIP 到店后，茶事接待服务人员应热情迎接，必要时由经理出面迎接，引领 VIP 前往预留的雅间。

（6）服务中注意礼节，严格按照操作规程提供服务。

| 素养提升 |

关于茶会的历史，你了解多少？

作为社会化的产物，茶会具有鲜明的功能性，是茶文化传播的重要平台，也是茶文化知识体系中不可或缺的一部分。中国是茶文化的源头，我国的饮

Note

茶历史可以追溯至西汉时期，经过三国、两晋、南北朝，饮茶风尚渐渐由南向北推进，茶叶也从原来帝王将相的专享品由上而下逐渐向庶民百姓普及。这一切的发展都是缓慢的，而且茶的作用也一直在药用与饮用间徘徊。进入隋唐以后，饮茶风俗又得到进一步发展，但那时的饮茶还是解渴型的粗放饮法。到了唐朝，饮茶活动更加繁盛，尤其是步入中唐以后，尽管有些文化现象似乎开始走向衰退，但另一些文化现象如唐传奇、说唱文学等，散发出异样光彩，茶文化就属此列。茶会，在古时称为"茶宴"，作为茶文化的一种衍生物，最早可追溯到魏晋南北朝，它兴于唐朝，盛于宋朝。我国茶宴亦称"汤社""茗宴"，是指以茶宴请客人。当时的茶宴一般在上层社会和禅林僧侣间进行。一般文人举行茶宴，多选择风景秀丽、环境宜人的场所；僧侣多在庄重肃穆的禅寺中举行茶宴。东晋陆纳是茶会活动的最早发起人，被称为"开路者"。《晋中兴书》曰："陆纳为吴兴太守，时卫将军谢安常欲诣纳，纳兄子俶怪纳，无所备，不敢问之，乃私蓄十数人馔。安既至，所设唯茶果而已。俶遂陈盛馔珍羞必具，及安去，纳杖俶四十，云：'汝既不能光益叔父，奈何秽吾素业？'"因此，可以说东晋吴兴太守陆纳的"以茶设宴"是历史上记载的最早的茶会活动。

茶会，即以茶聚会，是一种社会活动，重在社交。在唐朝及唐朝以前，其形式有两种：一是"茶佛事"，作为僧侣生活的一道程序，以击"茶鼓"为号，召集僧众到茶寮饮茶。品茶解渴之时，也可相互参证、辩论佛理。二是"茶汤会"，遇寺院作斋，则往往以茶汤助缘，供应所谓善人。寺院请施主喝茶，实则是一种变相化缘，一般在新茶采制之后举行。随着时间的推移，茶会逐渐演变、发展，便不再限于佛门，而成为一种广泛的社会活动。

（资料来源：https://www.jianshu.com/p/720f04600503。）

润物无声：
文化传承；
乐善好施；
发展观

茶余课后

学生分为五个小组，按照茶席式、宴会式、流觞式、环列式和礼仪式的相关要求，完成茶事活动场地模拟布置，学习成果以图片形式上传至学习通平台，并分别由学生个人、小组成员、校内外教师对学习成果进行评价，将得分累计。获胜的小组将获得教师赠送的茶叶礼包和积分；对于其他小组的学生，教师可以赠送某款茶叶作为鼓励。

评价标准

教学评价	评价标准	标准分值	个人评价（10%）	小组评价（30%）	校内外教师评价（60%）	得分合计
课堂纪律（30%）	出勤率	15分				
	课堂纪律	15分				

续表

教学评价	评价标准	标准分值	个人评价（10%）	小组评价（30%）	校内外教师评价（60%）	得分合计
项目评价（50%）	自主学习能力	5分				
	操作能力	35分				
	处理特殊情况的能力	5分				
	对客服务意识	5分				
团队协作能力（20%）	参与团队任务的积极程度	10分				
	小组分工配合程度	10分				

项目测试

线上答题
▼

项目四

一、填空题

1.职业道德品质包括_____、_____和_____。

2.开展道德评价具体体现在茶艺师之间的_____、_____。

3.钻研业务、精益求精具体体现在茶艺师不仅要主动、热情、耐心、周到地接待客人,还必须_____。

4.焙火、发酵较重的乌龙茶属于_____茶。

5.茶艺表演通过_____向人们展示茶艺的魅力。

6.茶艺是指_____与_____的技艺。

7.具有陈醇型滋味特点的茶叶有_____、_____。

8.为了评比茶叶质量的优劣和点茶技艺的高低,宋朝盛行_____。

9.职业道德品质包括职业观念、职业良心和_____。

10.尽心尽职具体体现在茶艺师在茶事服务中充分_____,尽最大努力履行职业责任。

二、判断题

1.真诚守信是一种社会公德,它的基本作用是获得个人名利。(　　)

2.在为客人引路时,指向目标方向是举止不妥的。(　　)

3.尽力宣传、表现自己,不属于尽心尽职的具体体现。(　　)

4.《农药合理使用准则(一)》(GB/T 8321.1—2000)是与茶叶关系密切的国家强制性标准。(　　)

5.茶艺馆应该根据自己经营地的特点和消费群体的需要,来确定自己服务的方向、项目、标准,以保证自己的经营性利润与收支平衡。(　　)

三、简答题

1.请简述茶艺的六要素。

2.茶艺师以"三心"服务正面、积极地影响客人,请解释茶艺师的"三心"的具体内容。

项目测试
参考答案
▼

项目四

Note

项目五
茶席设计概述

项目情景描述

　　学习中国茶席及茶席设计原理,了解茶席的概念、设计和特征,茶席设计的原理和技巧,创新茶席设计的表现方法,并具备对茶席设计进行介绍的能力。

知识网络

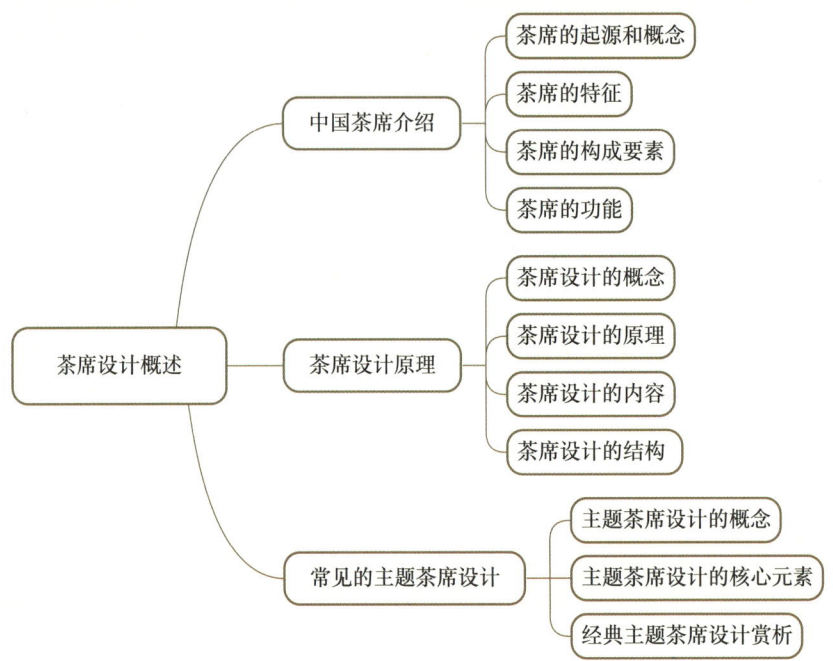

项目目标

知识目标

(1)了解中国茶席的发展演变,掌握茶席的构成要素、设计原理。
(2)掌握创新茶席设计的技巧和方法。

能力目标

(1)能够运用茶席设计原理设计茶席。
(2)提升审美能力和实践能力。

素养目标

(1)树立正确的价值观,培养良好的思想道德品质。

（2）培育人文关怀理念，提升民族自豪感，增强文化自信。

（3）具备工匠精神。

任务一　中国茶席介绍

🍵 任务目标

了解中国茶席的起源及茶席的概念、特征和构成要素，掌握茶席的功能，感悟中国茶席所蕴含的文化内涵。

🍵 任务描述

茶席包含泡茶的操作场所、客人的座席以及所营造的环境氛围，是习茶、饮茶的桌席。茶席是以茶器为素材，并与其他器物及艺术相结合，展现某种茶事功能或表达某个主题的艺术组合形式。

🍵 任务分析

茶席包含若干基本构成要素，其布局要有章法、有创新，能够突出茶席的实用性、艺术性和包容性，更重要的是能够满足客人的需求。

🍵 任务准备

名称	数量	名称	数量
茶盘	1件	茶巾	1条
茶杯	5个	公道杯	1个
插花器	1件	泡茶器	1件
则置	1件	煮水器	1件
茶则	1件	红茶/黑茶	5克
茶仓	1件	涤方	1件

🍵 任务实施

一、茶席的起源和概念

（一）茶席的起源

查阅中国茶文化发展相关资料，可以发现原本并没有"茶席"一词，茶席是从"席"

教学视频
▼

中国茶席
介绍（上）

教学视频
▼

中国茶席
介绍（下）

Note 🍵

逐渐引申而来的。古文中将"席"解释为用草、苇、竹等材料编成的坐垫,后又将"席"引申为"席位""座位"。近年来,"茶席"一词在我国台湾地区出现频率较高,多指茶会,或茶会环境的布置。"茶席"一词,在当代日本日常生活中为高频词,意为"茶室",即茶屋,主要指喝茶、品茶的地方。韩国的"茶席"一词更多是指在喝茶会友时用以摆放茶具和茶食的几案。

上海茶道专家乔木森编著的《茶席设计》一书中将"茶席"阐释为以茶为灵魂,通过茶具这个载体,结合多种文化艺术形式,在特定的空间场所展示出的茶与艺术的组合。不同的专家对于茶席相关概念的定义略有不同,但也有一些共同点:一是茶席设计不仅指茶和茶具的摆设,还包括几案、氛围、空间等,是一种整体的设计。二是茶席设计是多种艺术文化碰撞所衍生出的一种新的文化,它可以给人们带来视觉、味觉等多种体感的享受[1]。

（二）茶席的概念

茶席包括泡茶的操作场所、客人的座席以及所营造的环境氛围,是习茶、饮茶的桌席。茶席是以茶器为素材,并与其他器物及艺术相结合,展现某种茶事功能或表达某个主题的艺术组合形式。常见的茶席样式见图5-1-1和图5-1-2。

图5-1-1　茶席样式1

图5-1-2　茶席样式2

---

①张来阳.浅析茶文化中的茶席设计[J].农村经济与科技,2018（20）.

　　狭义上,茶席是品茗时的一个平面;广义上,茶席是为品茗而构建的一个包含人、茶、器、物、境的茶道美学空间。茶席是以茶汤为灵魂,以茶器为主体,在特定的空间形态中,与其他的艺术形式相结合,共同构成的具有独立主题且有所表达的艺术组合[①]。唐朝和宋朝的茶席分别见图5-1-3和图5-1-4。

图5-1-3　唐朝茶席[②]

图5-1-4　宋朝茶席[③]

二、茶席的特征

(一)实用性

　　实用性是茶席最基本的特性。任何茶席都必须能满足习茶的功能需要,可以用来习茶,且适合、便于习茶,如图5-1-5所示。徒有形式美、华而不实的茶席算不上好的茶席。

①静清和.茶席窥美 茶席设计与茶道美学[M].北京:九州出版社,2015.

②图片来源:https://baijiahao.baidu.com/s?id=1661300317667799538803&wfr=spider&for=pc。

③图片来源:https://rmh.pdnews.cn/Pc/ArtInfoApi/article?id=5724245。

图 5-1-5　茶席的实用性

（二）艺术性

艺术性即审美性,要求在台桌上将铺垫、茶器、茶花等要素按照美学原理,兼顾实用性,进行搭配、布置,整体上和谐雅致、错落有致,令人赏心悦目,具有美感,如图5-1-6所示。

图 5-1-6　茶席的艺术性

（三）综合性

茶席是由家具（台桌）、茶花、挂轴等艺术元素所构成的茶事综合体，是一种包含多种艺术形式，以茶器为中心的架上组合装置，如图5-1-7所示。

图 5-1-7　茶席的综合性

（四）独立性

茶艺离不开茶席，但是茶席有其相对的独立性。茶席在正式的茶艺演示之前可独立展示、供人欣赏，在演示过程中乃至演示结束，茶席虽因茶器的变动而有所变化，但其始终保持相对的独立性。

三、茶席的构成要素

（一）台桌与铺垫

台桌与铺垫主要起到承载作用。茶席通常是在台桌上布置的，偶尔也可在地板、地面布置，还可结合台桌、地板、地面进行布置。有些茶艺活动要求炉不上席，这时需另配一辅助的小几凳。此外，坐凳（座椅）也是必不可少的。在台桌上可以直接布置茶席，而在地板、地面上布置茶席时，少不了铺垫的衬托。铺垫，是茶席整体或局部摆放的物件下的各种衬托物的统称。茶席的台桌与铺垫如图5-1-8所示。

图 5-1-8　茶席的台桌与铺垫

（二）茶器

茶器（见图5-1-9）是构成茶席的基本物件，是茶席上必不可少的器物，也可以说是茶席的核心。茶席上的茶器是以组合形式呈现的，一组茶器具备一定的茶事功能。为达到习茶的实用目的，茶席上必须具备四大类茶器：一为主茶器，是用以泡茶的各式冲泡器，如茶壶、盖碗、玻璃杯、冲泡杯，以及分茶和品茶的茶盅、茶杯（或含杯托）等；二为辅茶器，是方便泡茶、奉茶的辅助性茶具，如茶船、壶垫、盖置、茶荷、茶巾、渣匙、茶拂、奉茶盘等；三为备水器，是用以准备泡茶用水及弃置茶渣、茶水的茶器，如煮水器、水瓶、水盂等；四为备茶器，是用以存储茶叶的器具，如茶罐、茶瓮等。

图 5-1-9　茶器

（三）茶花

茶花是茶席上的花艺装饰，起到美化茶席的作用。茶花是品茗环境中的一个部分，对茶席起着装饰和点缀的作用，可以增添品饮情趣。茶花是茶席设计中必不可少的要素之一，强调为茶席及茶艺主题服务，使品茗处于更加生动活泼的艺术氛围中。

茶花是茶席之花（见图5-1-10）的统称，包括插花、盆景、盆花三类。

（四）挂轴

挂轴（见图5-1-11），是悬挂在茶席周边环境中的书画的统称，一般会将书法、绘画等作品靠挂于茶席上，或挂靠于茶席背后的墙上、屏风上，或吊挂于天花板上。挂轴由天杆、地杆、轴头、天头、地头、边、惊艳带、画心、背纸等组成。挂轴可以帮助人们表现自己想要述说的美感，营造境界与气氛，人们也可以借挂轴陶冶自己或其他观赏

图 5-1-10　茶席之花

者的心性,增进对艺术的理解。在茶道里,挂轴还有一个作用,就是帮助主人将其茶道思想传递给客人。

图 5-1-11　挂轴

四、茶席的功能

茶席的功能大体上可分为三类:实用性功能、经营性功能和表演性功能。

(一)实用性功能

茶席的实用性功能是茶席极具生活性、极为朴实的一种功能体现。在人们的日常生活中,家中的一套茶具、办公室的一方茶桌、与朋友或家人的一场茶会,无不体现茶席泡茶、饮茶的最基本的实用性功能。茶席的实用性功能多体现在办公和家居之中,对设计元素、格调并无特殊要求,仅仅是闲谈聚会之余的一种点缀。

(二)经营性功能

茶席的经营性功能在生活中也较为常见,多体现在茶楼、茶艺馆、茶叶店等经营性场所。此类茶席设计以实用性功能为基础,以销售、经营为目的,满足了人们对品茶趣谈场所的追求,是老百姓生活悠闲自在的体现。例如,扬州的富春茶社,往来客人络绎不绝,特别是纪录片《舌尖上的中国》热播后,一份糕点、一笼汤包成了往来客人必点小食。

(三)表演性功能

茶席的表演性功能在近些年越发凸显,逐渐受到业内外人士的重视,国内外已举办了多次影响面较大的茶席设计大赛。茶席的表演性功能以实用性功能为依托,结合多种艺术形式,满足人们对环境、空间、氛围等多方面的需求,体现了人们对更高层次休闲品位与精神文化的追求。新时代的发展为中国的茶文化注入了新的血液,如融合民族风俗的茶艺表演、体现儒家礼仪的茶礼表演等,多种文化艺术与茶结合,使得现代茶文化更加丰富多彩。

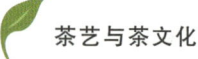

他山之石

中国茶席的发展史

中国古代并无"茶席"一词,"茶席"是由"酒席""宴席"演化而来。

"席"的本义是指"用芦苇、竹篾、蒲草等编成的坐卧垫具"(《中国汉字大辞典》),如竹席、草席、苇席、篾席等,可卷而收起。古籍中也有相关记载,如"我心匪席,不可卷也"(《诗经·邶风·柏舟》)、"席卷天下"(贾谊《过秦论》)等。

"席",引申为"坐位""席位""坐席"。"君赐食,必正席先尝之"(《论语·乡党》)此处"正席"是指"坐正席位"。"席",后又引申为"酒席""宴席""桌席"。

虽然早在唐朝就有了茶会、茶集、茶宴,明朝也有茶室、茶寮、茶所,但在中国文献中未见"茶席"一词。

茶席与茶艺、茶文化一样,也是新名词、新概念,但这不意味着茶席就是新生事物。其实,茶席由来已久,有茶艺、茶道,就有茶席,只是那时没有用茶席之名。

中国茶文化历史悠久,中国人饮茶注重身心的享受,不拘于形式,倾向于随性而为,但是要想茶文化得到较好的传承,还是需要制定一定的规程的。

唐朝茶席阵容庞大,华丽而典雅、匀称。唐朝茶席注重茶器的选择,茶具样式多且精致,但这种华丽的阵容只有富贵人家才享受得起。唐朝茶席具有调和之美,可以随环境的不同删减茶具,重在身心的享受,随性而为。

宋朝的点茶法影响了日本的抹茶道,这种品不厌精的时尚也影响了茶道精神在其他领域中的娱乐性,单色釉的沉敛凝聚了品茗时的清、静、和、寂。宋朝吃茶讲究使用蒸青绿茶,搭配使用黑釉茶盏不仅能让白色茶沫充分呈现,还能够起到保温的作用。

元朝喝茶保留了宋朝的点茶法品抹茶,也发展了散茶的新风味。在游牧征战的年代,元人品茗体现出兼容并蓄,既表现在抹茶与散茶方面,也表现在甘露与酒饮方面。元人斗茶之风更甚,疯斗茶、疯分茶。元朝还出现了青花茶盏,这类茶盏精致而高雅。元人非常注重茶盏的选择与搭配,元茶盏施自然釉,有利于发茶之香气。盏用对了釉,有助于品茗者辨识香气,并产生去芜存菁的效果。元朝青花茶盏十分赏心悦目,体现了高度的美感。

明朝以制作绿茶为主,并从蒸青制茶发展为炒青制茶。明朝品茗有严格的标准,喜用白色茶盏。明朝人品茗时,大多有琴棋书画相伴,高雅而意趣悠远。

清朝因历任皇帝都嗜茶,在全国掀起饮茶之风。清朝极具人气的茶碗是盖碗,且碗上刻有字画。清朝人多用紫砂壶泡茶,所泡茶类中潮州工夫茶极为出名。此外,在茶器方面,紫砂茶器中的朱泥壶极为出名。

茶席之趣在于心境、物境、事境、时境,一切皆由心定。

(资料来源:http://www.cslai.org/chawenhua/jingpin/20201014/17880.html。)

素养提升

茶席与茶席设计

茶席,是泡茶、喝茶的地方。它包括泡茶的操作场所、客人的座席以及环境布置[1]。

茶席设计与布置涉及茶室内的茶座,室外茶会的活动茶席、表演型的沏茶台(案)等,是体现文人雅意的重要内容[2]。

所谓"茶席设计",是指以茶为灵魂,以茶具为主体,在特定的空间形态中,与其他的艺术形式相结合,共同完成的一个有独立主体的茶道艺术组合。茶席是静态的,茶席演示是动态的。静态的茶席只有通过动态的演示,动静结合,才能更加完美地展现茶的魅力和茶的精神[3]。

从专家们的定义中,我们大致上可以得出这样的结论:

茶席泛指习茶、饮茶的桌席、场所等。茶席是以茶的表达为目的的,以茶器为载体,并与其他形式的器物和艺术相结合,展现某种茶事功能或表达某个主题的艺术组合形式。因此,茶席带给人们的美感体验是多方面的、全方位的、高雅文艺的综合享受。

润物无声;
审美情趣;
创新意识;
包容万物;
和谐统一

茶余课后

学生分为若干个小组,按照茶席设计原理,合理安排每件器皿的位置,充分利用空间,结合色彩搭配,合理完成三人茶席台面模拟布置。学习成果以图片形式上传至学习通平台,附上茶席设计说明,并分别由学生个人、小组成员、校内外教师对学习成果进行评价,将得分累计。获胜的小组将获得教师赠送的茶叶礼包和积分;对于其他小组的学生,教师可以赠送某款茶叶作为鼓励。

评价标准

教学评价	评价标准	标准分值	个人评价(10%)	小组评价(30%)	校内外教师评价(60%)	得分合计
课堂纪律(30%)	出勤率	15分				
	课堂纪律	15分				

---

①童启庆.影像中国茶道[M].杭州:浙江摄影出版社,2002.

②周文棠.茶道(说茶丛书)[M].杭州:浙江大学出版社,2003.

③乔木森.茶席设计[M].上海:上海文化出版社,2005.

续表

教学评价	评价标准	标准分值	个人评价（10%）	小组评价（30%）	校内外教师评价（60%）	得分合计
项目评价（50%）	自主学习能力	5分				
	操作能力	35分				
	处理特殊情况的能力	5分				
	对客服务意识	5分				
团队协作能力（20%）	参与团队任务的积极程度	10分				
	小组分工配合程度	10分				

任务二　茶席设计原理

 任务目标

了解茶席设计的概念,掌握茶席设计原理以及茶席设计的内容。

 任务描述

茶席设计是一种将茶文化与艺术结合的美学实践,它通过精心的选择和布局来展现茶的内在精神和外在美感。茶席设计旨在通过对茶的相关文化元素的综合运用,传达出一种静谧、雅致的生活态度。

任务分析

在设计茶席时,应做到布局有章法,主题有创新,并能突出茶席的实用性、艺术性和审美性。

任务准备

名称	数量	名称	数量
茶盘	1件	茶巾	1条
茶杯	6个	公道杯	1个
插花器	1件	泡茶器	1件
则置	1件	煮水器	1件
茶则	1件	红茶/黑茶	20克

续表

名称	数量	名称	数量
茶仓	1件	滓方	1件
白色桌布	1条	杯托	6个

🍵 任务实施

一、茶席设计的概念

所谓"茶席设计",是指以茶为灵魂,以茶具为主体,在特定的空间形态中,与其他的艺术形式相结合,共同完成的一个有独立主题的茶道艺术组合[①]。

茶席设计是指以茶具为主材,以铺垫等器物为辅材,并与插花等艺术相结合,从而布置出具有一定意义或功能的茶席。茶艺编创包括主题设计、茶席设计、环境设计、礼仪设计等环节。茶席设计是茶艺编创的环节之一,既要有一定的独立性,也要注意与其他环节的协作,应服务于茶艺编创的整体需要。静止的、孤立的茶席是没有价值和意义的,只有融入茶艺才能彰显其价值和意义。茶席设计是茶艺演示的先声,最先映入观者眼帘。因此,设计出一个优秀的茶席是茶艺演示的良好开端。茶席设计的优次,最能反映出茶艺编创者的艺术匠心、艺术素养、审美境界。窥茶席设计一斑,往往可以见茶艺演示的全貌。

二、茶席设计的原理

在设计茶席时,首先要确定茶席立意,即茶席的主题。

选择适当的泡茶器和公道杯,安置在茶席的中心线、方便泡茶的一侧,作为茶席的"起"。

茶具的组合安排。茶席的构图中心确立以后,其他的茶具都要服从于构图中心,并起到衬托主题的作用,形成"众星捧月"的效应。可以结合茶具的长短、大小,以及茶具的色彩的浓淡、明暗,去表现茶席构图的疏密开阖之美。茶杯要布置成流畅的直线形或弧形,以构成柔美、娴雅的画面,与品茶的氛围相协调。另外,茶杯之间要尽量紧密排列,不能留有太大的空隙。在湿泡台上的出汤、温杯、洁具也是要杯杯相连的。而在干泡台上,杯形通过重复产生节奏和韵律,这种秩序之美使得茶席具有疏密有致的画面变化,同时,杯形所营造出的韵律之美反过来会强化茶席的静谧之感。

三、茶席设计的内容

茶席的构成元素多种多样,受个人情感、爱好、文化背景等因素的影响,人们在设

① 乔木森.茶席设计[M].上海:上海文化出版社,2005.

教学视频
▼

茶席设计的构成要素(上)

教学视频
▼

茶席设计的构成要素(下)

Note 🍵

计茶席时所使用的元素也有所差别,一般包括茶叶、茶具、茶席台面、环境氛围和故事背景。

(一)茶叶

茶叶是茶席设计的必备之品。中国地大物博、幅员辽阔,是世界上茶叶种类最多的国家,根据不同的加工方式,可将茶叶分为六大类。不同类别的茶叶的冲泡手法不同,有着不同的韵味,其相关茶席设计也不同。

(二)茶具

茶具(见图5-2-1)也是茶席设计中不可缺少的物品,是指泡茶、饮茶的器具。自古以来人们在茶具的使用上颇为讲究,茶具的种类也越来越丰富,这也是茶文化发展的重要体现。唐朝"茶圣"陆羽在《茶经·四之具》中就记载了二十四种茶具的使用。当代茶席设计中,茶具可多可少,可简可繁,茶具是茶叶灵魂的载体。通过一个简单的玻璃杯,我们便可从茶叶在杯中的起起落落体悟到人生的起伏。复杂的茶席设计常用到的茶具有茶壶、茶杯、茶匙、茶漏、茶盘、茶碟等。茶具不仅类别多样,还有质地之分,常见的有瓷器茶具、紫砂茶具、玻璃茶具、陶土茶具、金属茶具等。针对不同的茶叶使用不同的茶具,体现了对于冲泡完美茶饮的追求。

图5-2-1 茶具

(三)茶席台面

茶席台面(见图5-2-2)是整个茶席设计的载体,是指用来摆放茶叶、茶具的地方,主要由摆放器具的几案和铺垫组成。茶席台面的几案可以是茶桌、茶海,也可以是箱子、椅子、柜子等,还可以将相关器皿直接放在地上。现代茶席设计种类繁多,台面样式有高有低;材质分为藤制、竹制、木制、石制等;款式分为现代的、仿古的等。此外,茶席台面上的铺垫,可分为丝绸、麻布、棉布、草垫、竹垫等,不同材质的铺垫使茶席台面体现出不同的韵味。所选择的茶席台面要与茶席设计的主题一致,传递茶席设计的情感。

铺垫有着不同的质地、大小、色彩、花纹等,应根据茶艺主题加以选择。铺排时,可使用烘托、反差、渲染等手法,或铺于桌上,或摊于地下,或搭一角,或垂一隅,既可作流水蜻蜓之意象,又可营造绿草茵茵之联想。铺垫的基本方法有平铺、对角铺、三角铺、叠铺、立体铺、帘下铺等。

图 5-2-2　茶席台面

（四）环境氛围

茶席是一个小中见大,以有限的茶器和眼前景象,经过慧心妙手呈现无限茶意的美学空间。茶席设计中环境氛围的营造是为了更好地表现设计主题和意境。人们常通过融合焚香、插花、挂画和点茶"四艺",来营造品茶意境。现代茶席设计所使用的表现手法更为丰富,除了茶席台面上茶叶、茶具和茶点的组合,还融入了插花、书法、礼仪等元素,见图 5-2-3。在氛围的营造方面,使用现代科技,设计了背景音乐、投影显示、舞台表演等,让人们在一个特定的茶文化空间内,获得更好的文化精神熏陶。

图 5-2-3　茶席氛围①

插花是一门独立的艺术,但在设计茶席时,需要以茶为主角来进行搭配,使人们一眼望去,首先意识到的是茶台上茶器的组合,进而注意到在一旁"助兴"的插花。

茶席最高位置的插花与相对较低的茶杯轮廓线可以形成高低层次,色泽和光影会对茶器产生影响,进而形成明暗层次。空间层次的构建使得一个标准茶席可以从前

①图片来源:https://www.sohu.com/a/272930774_651552。

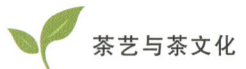
后、左右、上下多角度进行观赏,远近相映成趣,又各成风景。

（五）故事背景

在设计茶席时加入故事背景体现了某种人文情怀与茶文化的结合,目的是让人们置身于故事情节之中,获得精神文化享受。近年来,各地争办不同类型的茶艺大赛,一方面推动了茶文化在大众生活中的普及和发展,另一方面也满足了人们日益增长的精神文化方面的需求。多样的茶艺大赛使得参赛选手的水平也逐步提高,参赛作品"百花齐放",茶席设计已不再是简单的冲泡手法展示,逐渐融入了舞台效果、电影作品、故事背景等复杂元素。例如,在2019年中国技能大赛——"武夷山大红袍杯"第四届全国茶艺职业技能竞赛总决赛上,贵州代表团团体赛银奖作品《何以为家》讲述了一名无家可归的聋哑人,因老人的一碗茶汤感受到世间关爱,重塑自信,通过掌握制茶技术拥有了生存技能,获得了更有尊严的生活。《何以为家》的茶席设计通过引入南瓜、稻穗等农作物,营造农家生机,白瓷品茗杯简约而生动。表演中充分运用了手语和贵州黔北方言,使得作品富有生活气息,体现出贵州茶农淳朴善良的性格特点。《何以为家》传递了茶中有关爱、茶里有感恩的情怀,彰显出"授人以鱼不如授人以渔"的良好道德风尚。

四、茶席设计的结构

结构,体现了物质系统内各组成要素之间相互联系、相互作用的规律。茶席的第一特征是物质形态,因此茶席也必然拥有自身的结构形式。这种结构形式,主要表现在空间距离中物与物的视觉联系与相互依存的关系。

茶席是由具体器物所构成的,包括茶席依存的铺垫之外的部分,如背景、空中吊挂的相关工艺品等,只要属于茶席的构成部分,铺垫与器物之间,器物与器物之间,器物与背景及相关工艺品之间,都存在空间距离上的结构关系。

茶席的表现形态不同,具体茶席的结构形式也会发生变化。

茶席设计的结构形式多样,总体上可以分为中心结构式和多元结构式两大类。

（一）中心结构式

所谓"中心结构式",是指在茶席有限的铺垫或茶席总体表现空间内,以空间距离中心为结构核心点,其他各因素均围绕结构核心点来表现各自的比例关系的结构形式,如图5-2-4所示。

中心结构式的核心点,往往是以主器物的位置来体现的。在茶席的诸种器物中,担任茶的泡、饮角色的器物——茶具,是茶席的主器物。而直接供人品饮使用的茶杯,是主器物的核心器物。有时,根据动态演示的审美规律,以动态表现的中心物为主器物。

中心结构式还需要做到对大与小、上与下、高与低、多与少、远与近、前与后、左与右的比例关照。

图 5-2-4　中心结构式茶席

（二）多元结构式

多元结构式又称"非中心结构式"。所谓"多元"，指的是茶席表面结构中心的丧失，而由铺垫空间范围内任一结构形式自由组成，如图 5-2-5 所示。

多元结构的形态自由，不受任何束缚，可在各个具体结构形态中自行确定各部位的结构核心。结构核心点可以位于空间距离中心，也可以不位于空间距离中心，只要符合茶席整体的结构规律，并能呈现一定程度的结构美即可。

图 5-2-5　多元结构式茶席①

多元结构的代表形式包括：流线式，散落式，桌、地面组合式，器物反传统式，主体淹没式等。流线式多体现为地面结构，呈现出地面铺垫的自由倾斜状态；散落式的主要特征一般表现为铺垫平整，器物摆放符合基本规则，其他装饰品自由散落在铺垫上；桌、地面组合式基本属于现代改良的传统结构形式，其结构核心点位于地面，地面支撑桌面，桌面又以器物为结构核心点；器物反传统式多用于表演型茶艺的茶席，不仅器具呈反传统样式（以实现操作的创新化），在器物的摆置方面，也不遵循传统的结构形式；主体淹没式常见于一些茶艺馆的环境布置，具体表现为结构大于茶席的空间，器物大于茶具，实用性大于艺术观赏性。茶席的基本构图形式与布设要求见表 5-2-1。

----

①图片来源：https://www.sohu.com/a/272930774_651552。

表 5-2-1　茶席的基本构图形式与布设要求

构图形式	布设要求	图例（拍摄或绘制）
水平式	（1）水平式是茶席中极为常用的一种构图形式，器具安排在水平直线上，席面走势可以由左及右，也可以由右及左，给人平稳、端正、开阔、宽广的感觉。 （2）由于重复在水平线上进行布设，水平式容易导致席面形式单调、古板。 （3）茶席布设时要注意器物的疏密、大小、主次等方面的变化	
对角线式	（1）对角线式也称"倾斜线式"，器物布设主要在一条斜线上展开，一般倾斜角度不超过45°。 （2）倾斜线让席面充满变化，是较为活泼的一种布设形式。 （3）对角线式又可进一步分为向右对角线式和向左对角线式两种类型	
三角形式	（1）三角形式席面中的器物依据三角形的基本结构形式进行布设，可以是正三角形，也可以是不规则的斜三角形。 （2）三角形式茶席具有稳定、均衡且不失灵活的特点	
S形律动式	（1）S形律动式是一种将器物布设在曲线上的茶席形式，具有优美、流畅、柔和、圆润、动感强烈的特点。 （2）S形律动式能有效营造空间、扩大景深、使席面充满变化，是茶席中常见的构图形式。 （3）S形律动式主要依据中国道家的太极图，它使静态的茶席艺术变得动感，在视觉上和心理上带给欣赏者柔和迂回、婉转起伏、柔中有刚、流畅优雅的节奏感与韵律美感，远非其他构图形式可以比拟	
圆形式	（1）圆形式茶席的主体器物的布设结构形式为圆形，席面外缘可以是圆形，也可以是长方形或正方形。 （2）圆形式是一种饱和、圆满、动感强烈且具有张力的构图形式	

他山之石

茶席搭配茶花

1.一月:梅花

梅花以其在严寒中绽放的姿态,成为"傲骨凌霜"的象征。文人墨客常以梅花比喻品德高洁之人。独特的香气和坚韧的生命力,使得梅花成为冬日里的一抹亮色,深受人们的喜爱和赞美。

2.二月:杏花

春风送暖,杏花盛开,它的美丽与传说中杨贵妃的"花神"身份相得益彰,增添了几分神秘感。在二月的茶席上,摆放一束杏花,不仅能增添春日的气息,也能让人感受到历史与文化的交融。

3.三月:桃花

桃花以其盛开时的绚烂和花落时的诗意,成为古代文人笔下"辟邪""安宁"的象征。《桃花源记》中描绘的世外桃源,更是让人们将桃花与美好生活联系在一起。桃花也常用来比喻女性的美貌和美满的爱情。

4.四月:牡丹

牡丹以其华丽的姿态和"富贵"的花语,被誉为"花中之王"。每年四月,洛阳的牡丹花吸引了无数游客前去观赏。牡丹的盛开象征着繁荣和幸福,常被用来比喻尊贵的身份和富贵的生活。

5.五月:石榴花

石榴花以其"多子多福"的寓意而受到人们的喜爱。它的颜色鲜艳,形态娇艳,不仅美观,还寓意着家族的兴旺。在古代,常赠送新婚夫妇石榴花作为祝福。

6.六月:荷花

荷花以其"出淤泥而不染"的品格,被视为"清廉"和"纯洁"的象征。它的各个部分都有相应的用途,从花瓣到莲藕,既可食用又可药用,是夏季养生的佳品。荷花的高雅,也常被用来比喻人的高尚品德。

7.七月:木槿花

木槿花虽开放短暂,却象征着生命的不息和希望的延续。它的生命力强韧,具有独特的魅力,受到人们的喜爱。

8.八月:桂花

桂花以其香气远扬而闻名,是八月茶席上的常见装饰。它的高雅与清香,不仅为茶席增添了一份宁静,也让人感受到秋天的来临和收获的喜悦。

9.九月:菊花

菊花的坚韧与高洁象征着人们在面对季节变化时的从容与淡定。菊花的绽放,不仅美化了秋天的景色,还寓意着对美好生活的向往。陶渊明独爱菊花,菊花成为高洁品格的象征。菊花也常用来寄托对亲人和朋友的思念。

10.十月：兰花

兰花作为"四君子"之一，象征着高洁和雅致。它的清香和素雅，使其常被用来比喻温柔、贤惠、大方的人。

11.十一月：山茶花

山茶花以其丰富的色彩和多样的品种而受到人们的喜爱。文人墨客对其盛开时的盛况赞不绝口。山茶花的独特魅力，使其成为冬日里的一抹温暖。

12.十二月：水仙花

水仙花具有雅致的外形和清新的香气，因此常被用来装饰茶席，营造出温馨而幽雅的氛围。水仙花纯洁、高雅，给人以美的享受和心灵的慰藉，常被用来比喻美人。

（资料来源：https://baijiahao.baidu.com/s?id=16479821202819934188&wfr=spider&for=pc。）

他山之石

茶席的"中和"之美

作为茶道的具象体现的茶席，其设计布置、行茶品茗的核心准则，正是"中和"二字。

东方文化体系中的"中和"思维，从伦理和哲学概念转化为文化和美学概念，形成了以"中正和谐，温雅含蓄"为要义的"中和"美学。"中和"美学是东方世界最高的美学理想，也是中国茶道的核心准则，是茶席的审美基础……

一场茶席的演绎可能涉及书法、绘画、香道、花艺、音乐、弈棋、诗歌、舞蹈、服装、表演、空间设计等领域。

在设计茶席时，以"中和"为义；在行茶时，以"中和"为法；在品赏时，以"中和"为美。

欲设茶席，先立主题。所立主题应表达设计者的情怀，合乎"万物并育而不相害，道并行而不相悖"的"中和"精神，宜客观，不宜偏激；宜温雅，不宜媚俗。

1.平台

狭义上，茶席展示的平台，既可以是人工所制的木制茶桌、竹制茶桌，也可以是天然的土地、山石，或者棉、麻、丝、帛的铺垫，不拘一格，皆依主题与器具的搭配而定。

广义上，整个屋舍楼宇，乃至一切可以喝茶的空间均可作为茶席的平台。除了泡茶桌案上的配置，还需要为冲泡和品饮构建一个和谐的外部环境，即"茶空间"，是糅合了各种文化艺术元素的多功能清雅场所。

2.背景

背景不仅包含有形的屏风、挂画,无形的音乐或自然界的天籁亦是背景的一部分。背景不可夸张夺目,以素雅低调为佳,从而利于主题的呈现。纯色的布幔竹帘、复古的屏风隔断、传统的水墨字画,都是很好的选择。

3.用色

若直接利用平台,不加铺垫,则平台的颜色便奠定了整个茶席的主基调。

若平台的色彩不与主题相协调,则可增加铺垫,如布、丝、绸、缎、葛、竹、草、叶等,各有色彩、各具风格,可入各题。需要注意的是,颜色戒多戒杂,以简洁干净、雅致和谐为要。

4.择茶

不同产地、不同季节、不同工艺,茶的形状、色泽、香气、口感迥异。定好主题后,可考量各种茶品的出处典故、时令宜忌、茶性特点与主题的关系,结合茶品的各项表现,酌情选择。

5.选器

茶器的选择及其布设是茶席设计的重点。在设计茶席时,先择茶,后选器,利用器具来表现和反映茶品。

若茶的外形匀净,可选玻璃器具,以显其形美;若茶的口感以厚重见长,可选陶质器具或紫砂器具,以聚其味醇;若茶呈球形,应选空间较大的器具,以容其身展;若为红茶,宜选浅色瓷,以衬其汤艳……

6.装饰

装饰的选用原则为宜简不宜繁,可选择与铺垫纹路或主器具材质风格一致且为同色或互补色系的装饰。装饰虽是茶席中的配角,但若运用得当,亦可获得"画龙点睛"之效。

7.茶人

使茶席合乎"中和"的审美观的关键在于茶人自身的修养:事茶先修心。茶人的妆容、服饰应围绕茶席的主题,与之相和,宜素淡,不宜浓艳;宜简约,不宜繁复。

(资料来源:姚建静,《茶席的"中和"之美》,载《茶道》,2016年第10卷。)

茶余课后

学生分为若干个小组,参照茶艺职业技能大赛(规定茶艺)的评分标准(请扫码查看),完成四人茶席台面模拟布置。学生需要严格按照仪容仪表的相关要求,通过小组合作完成主题设计,并在茶艺室完成作品展示(茶艺表演统一使用玻璃杯冲泡绿茶)。最终对各组完成情况进行打分,包括个人评价、小组评价、校内外教师评价,将得分累计,获胜的小组将获得教师赠送的茶叶礼包和积分;对于其他小组的学生,教师可以赠送某款茶叶作为鼓励。

润物无声:
中和之美;
兼容并包;
修身养性;
和谐统一;
创新思维

赛事直通车

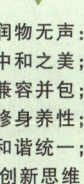

茶艺职业
技能大赛
评分表(规
定茶艺)

评价标准

教学评价	评价标准	标准分值	个人评价（10%）	小组评价（30%）	校内外教师评价（60%）	得分合计
课堂纪律（30%）	出勤率	15分				
	课堂纪律	15分				
项目评价（50%）	自主学习能力	5分				
	操作能力	35分				
	处理特殊情况的能力	5分				
	对客服务意识	5分				
团队协作能力（20%）	参与团队任务的积极程度	10分				
	小组分工配合程度	10分				

任务三　常见的主题茶席设计

🍵 任务目标

了解几种常见的主题茶席设计,学会欣赏茶席设计之美,具备创新茶席设计的能力。

🍵 任务描述

一方茶席,几盏茶器,几分茶色,香飘于外,秀蕴于内。一人得神,二人得趣,三人谈笑风生。本任务主要引导学生欣赏常见的主题茶席设计,提升学生在茶席设计方面的创新能力。

🍵 任务分析

每个人对于茶席设计的理解和感悟不同,所展现的茶席风格也各有千秋。茶席设计属于艺术活动,其中器具颇为讲究,须兼具实用性与美感。

Note 🍵

任务准备

名　称	数　量	名　称	数　量
茶盘	1件	茶巾	1条
茶杯	5个	公道杯	1个
插花器	1件	泡茶器	1件
则置	1件	煮水器	1件
茶则	1件	红茶/黑茶	5克
茶仓	1件	淬方	1件
台布	1条	茶桌旗	1条

任务实施

一、主题茶席设计的概念

主题设计是茶席设计中极具人文趣味的一个环节。当茶人的人文情怀与浪漫主义相碰撞,茶席间的天地便变得开阔起来。在布置茶席时,应做到主题先行,确定主题后,陆续选择相应的茶席元素。

茶席的布置一般由茶具组合、席面设计、配饰选择、茶点搭配、空间设计等组成,其中茶具是不可或缺的主角,其余辅助元素对整个茶席的主题风格具有渲染、点缀或加强的作用,在设计时可以根据主题要求,选择全部或部分辅助元素与茶具进行搭配组合。此外,还可以进一步添加音乐、表演者服饰设计、表演流程设计等,使静止的茶席"动"起来。

主题茶会一般是以茶席的形式呈现的。主题茶会的茶席要有所表达,如某个事件、某个节日、某个纪念活动等。

二、主题茶席设计的核心元素

（一）茶品的选择

茶,是茶席设计的灵魂。茶,在茶文化以及相关的艺术表现形式中,既是源头,又是目标。茶品的选择是茶席设计的首要任务。围绕茶所产生的设计理念,往往会构成茶席设计的主要线索。

（二）茶具的选择及摆放

茶具的选择及摆放是茶席设计的核心。古代茶具一般遵循"茶为君、器为臣、火为帅"的原则进行布设,即一切茶具的选择都是为茶服务的。器具的材质、形制、色泽及其组合,能够体现茶品的特征。使用不同茶具能够获得不同的效果:要想突出清新淡

Note

雅,可选用玻璃茶具;要想突出厚重悠久,可选用紫砂茶具、铁壶类茶具;要想突出民族风情,可选用陶质茶具、瓷质茶具等地方性茶具。

（三）席面设计

席面的材质和色调,通常奠定了整个茶席的主基调。布置时常用到各类材质(如布、丝、绸、缎、葛等)的桌布,以及竹草编织垫、布艺垫等;也有利用自然风光的设计,如荷叶铺垫、沙石铺垫、落英铺垫等;还有不加铺垫,直接由特殊台面构成席面,体现台面自身特质(如原木台面的拙趣、红木台面的高贵等)的。

三、经典主题茶席设计赏析

（一）一人一茶,一方世界

一花一世界,一叶一菩提。"饮茶以客少为贵,众则喧,喧则雅趣乏矣。独啜曰幽,二客曰胜,三四曰趣,五六曰泛,七八曰施。"一人,一席,一壶,一杯,讲究之人再来三两花枝,寻求内心的宁静,选择在如今快节奏的社会生活中享受少有的惬意时光。

喝茶是一种享受,饮茶者大多本着享受和放松的心态来喝茶。没有任何繁文缛节,而是自得其乐,细细品尝,于茶中自有一份宁静。偌大的茶室,可以只有一处茶席、一套茶具、一束插花、几张木椅,简约到了极致,却能沉淀烦躁的心性,给人一个诗意的空间。

一人的茶席,是自由的,可以一壶一杯,也可盈盈一盏。既可与琴书相伴,对山花啜之;又可于竹影窗前、落花树下,慢慢啜饮;耳听松风泉瀑,目断飞鸿之影。白居易的《食后》写出了人生的茶味:"食罢一觉睡,起来两瓯茶。举头看日影,已复西南斜。乐人惜日促,忧人厌年赊。无忧无乐者,长短任生涯。"茶与人生一样,总有平淡的时候,忧伤又有何用? 不如"委运乘化",爱山乐水,在独饮中静静体味这些感受。明末清初的陈贞慧,写出了独自品茶的感受:"色香味三淡:初得口,泊如耳。有间,甘入喉。有间,静入心脾。有间,清入骨。嗟乎! 淡者,道也。虽吾邑士大夫家,知此者可屈指焉。"茶,其清能入骨,这是多么微妙的感受。可见,茶非独品不能知其味。

（二）两人茶席,对酌言欢

品茶,二人得趣。两个人的茶席,不像一个人的茶席那样随意散漫,要考虑到对方的感受,体现出关怀之情,可以一壶两杯,也可像明朝文人那样,"每一客,壶一把,任其自斟自饮,方为得趣"。

宋朝邹浩的《同长卿梅下饮茶》中写道:"不置一杯酒,惟煎两碗茶。须知高意别,用此对梅花。"这是一个依依惜别的二人茶席,二人以茶代酒,以茶对梅,以非常之饮对非常之花。

明朝张岱的《陶庵梦忆》里有篇《闵老子茶》,描述的就是两人茶席,这样写道:"汶水喜,自起当炉。茶旋煮,速如风雨。导至一室,明窗净几,荆溪壶、成宣窑磁瓯十余种,皆精绝。灯下视茶色,与磁瓯无别,而香气逼人,余叫绝。"二人在窗明几净的茶室里,起炭煮水,用壶泡茶,然而,令见多识广的张岱叫绝的是,茶席上使用的成化与宣德年间官窑所产的茶瓯,足足有十余种,且件件珍罕精绝。灯下看到的茶汤,颜色与茶瓯一样晶莹剔透,竟然还香气逼人。张岱与汶水老人在茶席上,闻茶识茶,看水识水,高手对决之后,便如高山流水,引以为茶中知己。

明朝文徵明的《品茶图》,以文人特有的审美情趣,具体而真实地描绘了初春新茶开采时,有客人来访,侍童为主客煮茶的情景。山前溪畔松树下,茅舍茶寮里,文徵明与友人陆子傅,吃茶清谈,茶几上,一把紫砂壶,两个白色的茶杯,呈一字形布列。画上自题七绝诗句:“碧山深处绝纤埃,面面轩窗对水开。谷雨乍过茶事好,鼎汤初沸有朋来。”末识:“嘉靖辛卯,山中茶事方盛,陆子傅对访,遂汲泉煮而品之,真一段佳话也。”清丽优雅,颇具江南风致的文人茶席,精谨细腻,跃然纸上。

明朝陈洪绶的《品茶图》中,二人席地布置的茶席更是雅致。席侧的花瓶里,插三枝白荷、三片荷叶,青白分明,香远益清。炉火正旺,琴已入囊,二人各持清茶一盏,准备告别。从画中可以看出,刚才二人听琴事茶,停琴啜饮,琴茶两清。尤其是主人,安闲地坐在一片翠绿的芭蕉叶上,煮水分茶,其风雅情致,任凭读者遐思。

陈洪绶的《闲话宫事图》则刻画出了一幅举案齐眉,却令人惆怅不已的二人茶席。画中伶元手按琵琶,其妾樊氏,鬟发如云,翠袖飘逸,端坐于奇石之上,素手执卷。几案上,小器大开片的哥窑花瓶里,一枝半开的白梅暗香浮动。画中二人茶席的构图方式,特别值得借鉴。二人对坐,欲说还休。一壶两杯,红白对比鲜明,且一壶两杯的布置呈稳定的等腰三角形结构,这种构图方式暗合了黄金分割的最佳比例。

冒襄的《影梅庵忆语》中关于二人茶席的描写,情真意切,读之令人柔肠寸断。冒襄回忆道:“姬能饮。自入吾门,见余量不胜蕉叶,遂罢饮。每晚侍荆人数杯而已,而嗜茶与余同性。又同嗜芥片。每岁半塘顾子,兼择最精者缄寄,具有片甲蝉翼之异。文火细烟,小鼎长泉,必手自吹涤。余每诵左思《娇女诗》‘吹嘘对鼎立’之句,姬为解颐。至‘沸乳看蟹目鱼鳞,传瓷选月魂云魄’,尤为精绝。每花前月下,静试对尝,碧沉香泛,真如木兰沾露,瑶草临波,备极卢陆之致。东坡云:‘分无玉碗捧峨眉。’余一生清福,九年占尽,九年折尽矣。”名列“秦淮八艳”的董小宛,花前月下,桂花露影,文火细烟,亲自为冒襄吹火、煎水、煮茶、赏瓷、析句,对品一席茶,茶汤柔情似水,韵味羡煞旁人。

(三)三人得味,三生万物

一人独饮,是个体不自觉地融入自然后,与茶有关的心灵独语,品出的是情外之情,味外之味。二人对饮,是在茶营造出的和谐的人文环境里,对啜品味,推心置腹,得趣言欢。李清照与丈夫赵明诚,曾留下“赌书消得泼茶香”的对饮佳话。三人得味,三口为“品”,彼此神交,煮茗忆旧,品茶抒怀,共享一壶茶的滋味,心有所得,便“不复醉流霞”,不负这杯茶了。潮州的谚语说道:“茶三酒四踢跎二。”这里的“踢跎”是潮汕方言,意为“游玩”。可见喝工夫茶时,三人最佳。

明朝仇英的《赤壁图》,以素淡的笔触,描摹出苏轼在船上与两位好友闲游赤壁,吃茶清谈,“诵明月之诗,歌窈窕之章”的情形。这是一个典型的三人茶席,白露横江,水

光接天。三人喝茶时,苏轼可以扣舷而歌,且喜且笑。

《赤壁图》中,引人注目的还有船头的茶童,他正蹲在风炉前吹火煎水。徐渭曾说过,品茶"宜船头吹火,宜竹里飘烟"。不论是风日晴和,还是轻阴微雨,在船头吹火,在竹下煮茶,都是极其风雅的选择,这一点,"尝尽溪茶与山茗"的苏轼最懂。

"中国讲求烹茶,以闽之汀、漳、泉三府、粤之潮州府工夫茶为最。其器具亦精绝,用长方瓷盘,盛壶一、杯四。壶以铜制,或用宜兴壶,小裁如拳。杯小如胡桃,茶必用武夷。"清朝时,中国南方地区喜好饮茶,武夷岩茶极受欢迎。若客人来了,主人便置茶于壶,注满沸水并加盖淋壶。书中所记载的"长方瓷盘",其作用类似壶承,用以承接淋壶的废水。其中壶如拳头般大小,小壶泡茶,则香不涣散,味不耽搁。茶杯如胡桃般大小,径不及寸,质薄如纸,色洁如玉,盖不薄则不能起香,不洁则不能衬色。这些实用的美学观点,对于如今的茶席设计仍有着极为重要的参考意义。

(四)四季茶席

庄子说:"天地有大美而不言,四时有明法而不议,万物有成理而不说。"节气的变换、万物的荣枯、四季的秀色、天地的大美,都蕴含在春生、夏长、秋收、冬藏的自然演化之中。与时俱进,不同的季节,有不同的寒温燥湿,有不同的花开花落,有不同的茶饮。品饮不同的茶,便勾勒出与茶和季节相融合的不同茶席,或清雅,或朴素,或华丽。

元朝词曲家张雨,深居简出,因为有茶,才把寂寞、孤苦的日子过得温暖、自得其乐,他的散曲《水仙子》,描述了别样的四季茶席。他写道:"归来重整旧生涯,潇洒柴桑处士家。草庵儿不用高和大,会清标岂在繁华?纸糊窗,柏木榻。挂一幅单条画,供一枝得意花,自烧香童子煎茶。"元人张雨的要求并不高:一张床、一幅画、一炉香、一壶茶、一枝插花。高标清逸的人,在柴桑中亦能悠然自得。清闲无事,坐卧随心,虽粗衣淡食,但能在一壶茶里寻觅到生活的真趣,足矣!

明朝黄龙德在《茶说》中写道:"饮不以时为废兴,亦不以候为可否,无往而不得其应。"知己清欢,"五内芬馥"。四时幽赏,可持盏觅句,可抱琴弹月,或影醉夕阳,或对花谈胜,真正是幽人素心。

与黄龙德同时代的高濂在《四时幽赏录》里记下了不同季节于杭州西湖之畔喝茶的赏心快事。春季,他在虎跑泉边试新茶,"香清味冽,凉沁诗脾。每春当高卧山中,沉酣新茗一月"。夏季,于苏堤赏绿,于灵隐避暑,品一盏清茗,两腋生清风。秋季,西泠桥畔醉红叶,满觉陇里赏桂花,夜汲井水煮茶,心清神怡。冬季,孤山月下看梅花,疏影横斜,暗香浮动,携杯吟赏。"时得僧茶烹雪,村酒浮香,坐傍几树梅花,助人清赏更剧。"

古人饮茶,常与琴、棋、书、画、诗、香、花为伍,优雅如此,从中也能窥见饮茶者那颗无染的"茶心"。光阴荏苒,花开四时,从花草的光影里,我们可以感受到春夏的余味,从积雪闭门的萧瑟中,我们可以感受到桃花梅雨的生动。何不忙里偷闲,放下手头琐事,放慢追逐的节奏,打开"诗心",睁开眼睛,发现生活中的美。

他山之石

设计茶席主题

一、主题鲜明

名称必须反映主题,而主题并非名称。主题可以是一两句话,也可以是一两个字。主题是立意的表现,而立意并不能完全替代主题,因为主题必须鲜明,而立意却可以含蓄。

二、文字精练

在设计主题时,可以先针对主题,设定几个相对集中的词语,并进行提炼,对不能反映主题的进行剔除,最终形成精练简洁、表意准确、意味深长的文字。

三、立意含蓄

采用含蓄的表达手法体现艺术作品的立意,是艺术表现的基本要求,能给观赏者留下想象的空间。

四、富有诗意

诗意的想象,有以下几个特征:一是大胆,二是夸张,三是奇特,四是美妙。诗意的语言可以采用第二人称表达,也可采用情感语言和疑问句式,这会极大地勾起观赏者的兴趣,如此,设计已经成功了一大半。

(资 料 来 源 : http://www.360doc.com/content/12/0121/07/741756_641487632.shtml。)

素养提升

茶艺美学的九项表现法则

一、神定气朗

中国茶道认为茶道即人道。茶道美首先体现在人美。中国茶艺以艺示道,其中极为关键的是展现茶人的体态之美、举止之美、气质之美以及心灵之美。这种美学追求不仅提升了品茶的感官体验,也丰富了茶文化的内涵,使得每一次品茶都成为一次心灵洗涤之旅。

二、对称与不均齐

中国茶艺强调对称美,但不排斥不均齐之美。茶艺中的对称展现了自然的秩序之美,而不对称则能够引起人们对于自然和艺术的无限遐想。通过这两种美学原则的巧妙融合,中国茶艺不仅展现了一种和谐统一的审美情趣,也体现了对自然规律的理解和尊重。

三、照应

"照应"所反映的是事物之间的相互依存关系,通过将茶艺中的各种元素,如插花、挂画、楹联等,与环境相协调,精心编排茶艺流程,来实现整体的

协调与统一。当这些元素得到恰当运用时,不仅能够营造出丰富多彩的视觉效果,还能够增强茶艺表演的整体美感和流畅性,使观赏者能够享受茶艺,获得和谐的美学体验。

四、反复

在中国茶艺的表演中,恰当地运用反复的手法,如循环播放背景音乐、规律排列图案或装饰、有序编排程序等,能够有效地增强茶艺的整体美感和节奏感。

五、节奏感

在茶艺表演中,背景音乐、解说词、动作的节奏感非常重要。茶人通过阴阳、刚柔、动静等对立元素的相互转化,以及连续与间断、反复等节奏变化,来展现动作的韵律感;讲解时,通过语调的高低、抑扬顿挫来表现语言的节奏美。

六、简素

中国茶艺特别强调简素美。在茶艺实践中,这种简素体现为去除多余的装饰和动作,追求一种朴素而不失雅致的美感。茶艺中的简素不是贫乏,而是一种经过深思熟虑后的创造性简化,它要求茶人在茶艺的每一环节中都做到简洁而富有内涵,从而体现出一种超然物外的清丽与淡泊。

七、调和与对比

如果没有调和,一切会显得杂乱。如果没有对比,一切会显得枯燥单调,缺少活力。例如,在根雕茶桌上摆放竹制茶盘,木质与竹质的结合体现了材质上的和谐;而古朴的紫砂壶与精致的白瓷茶杯的对比,则展现了在外形和质地上的鲜明差异。这种和谐与对比的巧妙运用,使得茶艺的每一环节都充满了生动性和吸引力。

八、清雅幽玄

清雅幽玄是中国茶艺追求的意境美。茶人追求高洁、超然,这种追求反映在茶艺中,便是以清新、宁静、深远为特点的审美取向。清雅幽玄的意境不仅能够净化人心,还能够引导人们进入一种超脱世俗、内省自悟的精神境界。

九、多样统一

多样统一是中国茶道形式美的高级法则,也是茶艺美的综合表现。在多样统一中应注意两个关系:一是主从关系;二是生发关系。主从关系强调在众多美学元素中要有一个中心点,确保整体的协调和重点突出。生发关系则要求茶艺中的各种美学元素像一棵树一样,拥有共同的根源和内在联系,形成一个有机统一的整体。

(资料来源:https://www.sohu.com/a/423868989_100016529。)

润物无声:
修身养性;
辩证思想;
美学

茶余课后

　　学生分为若干个小组,参照茶艺职业技能大赛(自创茶艺)评分标准(请扫二维码查看),完成四人茶席台面模拟布置。学生通过小组分工合作完成主题设计等内容,学习成果以PPT形式(10页以内)上传至学习通平台。最终对各组完成情况进行打分,包括个人评价、小组评价、校内外教师评价,将得分累计,获胜的小组将获得教师赠送的茶叶礼包和积分,对于其他小组的学生,教师可以赠送某款茶叶作为鼓励。

项目测试

一、填空题

1.茶席花的选材需要注意_____。

2.茶席背景音乐应选用以慢拍、舒缓、_____为主的音乐。

3.在茶席设计中,器具的选择与搭配应符合茶性,色彩协调、简洁实用、_____。

4.在选择茶席的背景音乐时,针对蒙古族茶艺,可以选择表演_____。

5.在晋代,著名文学家_____写过一首《娇女诗》。

6.茶艺中的"四艺",一般指的是_____、_____、_____、_____。

7._____、_____、_____是中国茶文化的特色符号。

8.人们品茶,能够获得在_____方面的综合感受。

9.文士茶艺虽讲究静雅的环境和茶具,以及饮茶的意境,以_____为目的,但更注重同饮之人。

10.多层铺垫最好不要超过_____种色彩,以淡雅素净为佳。

二、判断题

1.茶席要美观,主要为了欣赏。(　　)

2.在设计茶席时,要布局合理、方便操作,体现艺术性。(　　)

3.不同茶品宜用不同茶具冲泡,茶具的质地会影响茶的质感和茶席设计的美感。(　　)

4.茶席通常不需要设计,有茶品就可以了。(　　)

5.茶席插花的基本特征包括:简洁、淡雅、大盆景、精致。(　　)

三、简答题

以小组为单位,进行主题茶席设计。要求:

(1)阐明主题和设计理念。

(2)选择合适的背景及背景音乐。

(3)配合解说词进行展示。

赛事直通车
▼

茶艺职业技能大赛评分表(自创茶艺)

线上答题
▼

项目五

项目测试
参考答案
▼

项目五

Note

模块四

茶之技艺

项目六
修习精湛茶艺

项目情景描述

通过本项目的学习,了解茶具的种类、功能及使用方法,熟悉泡茶用水的注意事项,掌握六大茶类的冲泡技巧。

知识网络

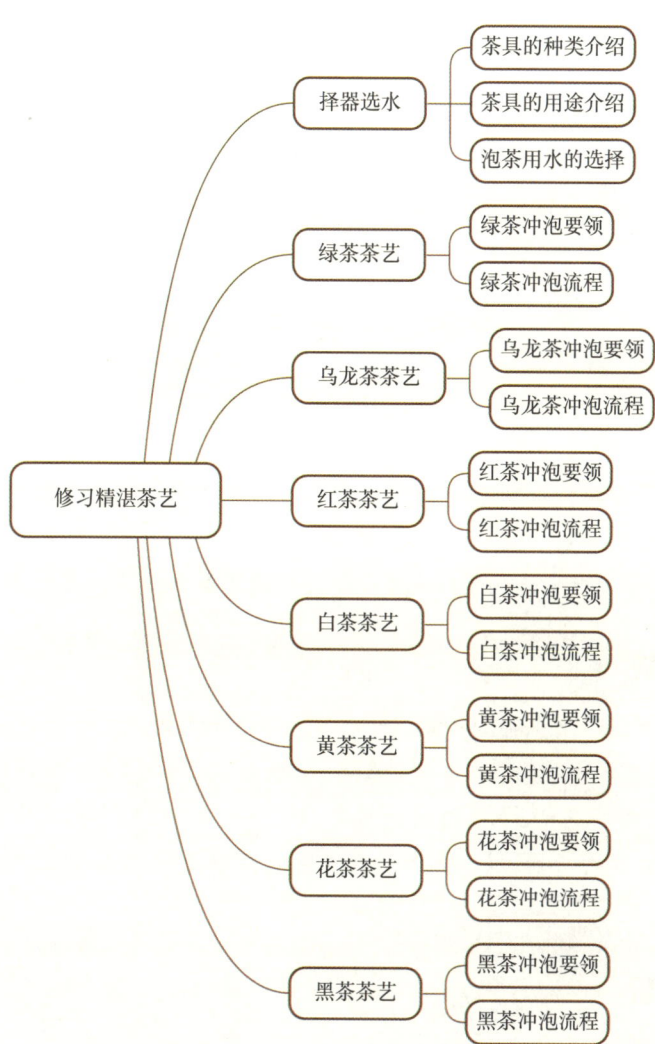

项目目标

知识目标

(1) 了解茶具的种类及使用方法。
(2) 掌握泡茶用水的注意事项。
(3) 掌握茶叶的冲泡方法。

能力目标

(1) 能够正确使用各种茶具。
(2) 熟练掌握盖碗冲泡茶叶的技能。

素养目标

(1) 培养爱岗敬业的精神,以及文明、礼让、谦和的优秀品德。
(2) 培养甘于吃苦、无私奉献的品质,以及对工作精益求精的态度。
(3) 具备弘扬中华优秀传统文化的意识,增强文化自信。
(4) 培养服务意识和责任感。

任务一 择器选水

任务目标

通过本任务的学习,了解茶艺服务的相关器具知识。掌握专业茶具的种类、功能及使用方法,茶艺用水选择及煮水注意事项。提高茶事服务实践过程中的操作素养。

任务描述

古语有言:"水为茶之母,器为茶之父。"由此可见茶具对于泡茶的重要性。饮茶离不开茶具,茶具是指泡、饮茶叶的专门器具,包括壶、碗、杯、盘、托等。古人讲究饮茶之道,注重茶具本身的艺术,一套精致的茶具,配上色、香、味"三绝"的名茶,可谓相得益彰。随着饮茶之风的兴盛,以及各个时代饮茶风俗的演变,茶具的品种越来越多,质地越来越好。

任务分析

本任务主要引导学生了解茶具的发展历史和泡茶用水的重要性,使学生具备正确使用各种茶具的能力。

教学视频
▼

茶具认知
和泡茶用
水的选择

🥣 任务准备

准备不同种类的茶具,如紫砂茶具、瓷质茶具、公道杯、品茗杯、"茶道六君子"等。

🥣 任务实施

一、茶具的种类介绍

(一)紫砂茶具

紫砂茶具的独特气质和典雅美感,令人赞叹。自明朝正德年间(1506—1521年)至今,紫砂茶具已有五百余年的发展历史,其中,江苏宜兴所产的紫砂茶具享有盛誉,深受茶友们的喜爱。

紫砂茶具备受推崇的原因在于其采用具有双重气孔结构的多孔材料。这种材料气孔细微,密度极高,具有强大的吸附能力。在泡茶时,紫砂茶具能够完美地保留茶叶的色、香、味,使茶水更加醇厚,同时防止茶叶变质。随着使用时间的推移,紫砂茶具的色泽会变得更加亮丽。当紫砂茶具使用几次后,即使将沸水注入不含茶叶的空壶,也能闻到淡淡的茶香。

总之,紫砂茶具具有较高的实用价值,同时也是一类具有深厚文化底蕴的艺术品。常见的紫砂壶见图6-1-1。

图6-1-1　常见的紫砂壶①

(二)瓷质茶具

瓷器是中国的杰出创造,凝聚了古代劳动人民的智慧。瓷器的出现,特别是其与中国茶的完美融合,推动了茶文化的全球传播。历史上,中国茶具多以陶器为主,随着

---

①图片来源:http://www.mastersappraisal.cn/html/jianpingzhicheng/xueshukeyan/2019/0907/614.html。

瓷器技术的发明与发展,陶质茶具逐渐被瓷质茶具所取代。瓷质茶具品类繁多,其中白瓷茶具、青瓷茶具、黑瓷茶具、彩瓷茶具极具代表性。

1.白瓷茶具

白瓷茶具(见图6-1-2)质地细腻,外观晶莹剔透,工艺精湛。它经过高温烧制而成,釉面坚固,不会吸附茶汤,有着清脆悠扬的独特音质,为品茗增添了雅致。白瓷茶具洁白无瑕,能准确呈现茶汤的色泽,同时其导热性和保温性恰到好处,凭借这些特质,白瓷茶具成为茶具中的"佼佼者"。早在唐朝,河北邢窑所制的白瓷茶具就广受欢迎,诗人白居易用不少诗篇赞美四川大邑所产的白瓷茶碗。到了元朝,江西景德镇的白瓷茶具远销海外,备受赞誉。如今的白瓷茶具,不仅保留了传统的精湛工艺,更融入了现代审美和装饰元素。白瓷茶具的外壁常绘有山水、花鸟、人物等图案,或将名人书法作为装饰,不仅具有实用价值,还是精美的艺术品,深受人们喜爱。

图6-1-2　白瓷茶具①

2.青瓷茶具

青瓷产自中国,是瓷器艺术中的璀璨明珠。早在东汉时期,工匠们便掌握了制造色泽纯净、光泽温润的青瓷技艺。晋朝时期浙江地区的越窑、婺窑、瓯窑等青瓷窑口逐渐崭露头角,规模逐渐扩大。到了宋朝,龙泉哥窑位列当时"五大名窑"之一,所产出的青瓷茶具更是享誉四方。唐朝的制瓷业已发展成为独立的行业,相关技艺更加精湛。

在制作青瓷时,需在坯体上施以青釉(一种以铁为着色剂的青绿色釉料),再经过还原焰的烧制,方可成器。青瓷成品色泽青翠如玉,光泽明亮如镜,敲击后发出清脆悦耳的声音。因此,青瓷被誉为"瓷器之花"。青瓷茶具见图6-1-3。

---

①图片来源: https://www.zhihu.com/tardis/bd/art/187545601。

图6-1-3　青瓷茶具①

3.黑瓷茶具

黑瓷茶具的发展历史可以追溯到晚唐时期,在宋朝达到了巅峰,其兴盛态势一直延续到元朝。然而,在明清时期,黑瓷茶具的地位逐渐衰落。这一变迁与人们饮茶方式的演变密切相关。自宋朝开始,人们不再使用唐朝的煎茶法,而是逐渐采用点茶法。宋朝的斗茶风尚,为黑瓷茶具的兴起提供了契机。

宋朝人在斗茶时,主要关注两个方面的效果。其一是茶面汤花的色泽和均匀度,茶面汤花"鲜白"被视为最佳。其二是观察汤花与茶盏接触处是否有水痕的出现以及水痕出现时间的早晚,"盏无水痕"被视为上乘。因此,宋朝的黑瓷茶盏在瓷质茶具中占据了重要地位,成为发展规模最大的茶具品种。在众多黑瓷茶具的窑场中,建窑所生产的建盏备受赞誉,如图6-1-4所示。

图6-1-4　黑瓷建盏②

---

①图片来源:https://www.zhihu.com/tardis/bd/art/187545601。
②图片来源:https://www.zhihu.com/tardis/bd/art/187545601。

4. 彩瓷茶具

彩瓷茶具的品种和花色多样,在各色各样的茶具中,青花瓷茶具无疑是最为引人注目的存在。青花瓷茶具的独特之处在于,它利用氧化钴作为着色剂,直接在瓷胎上绘制出各种图案和纹饰,随后覆盖一层透明的釉料,再经过约1300℃的高温烧制而成。这种茶具的特色在于其蓝白相间的花纹,既清新悦目,又富有艺术感;色彩淡雅,既不浮华也不俗气。再加上釉料的覆盖,整个茶具更显光滑、明亮,进一步增添了青花瓷茶具的魅力。彩瓷茶具如图6-1-5所示。

图6-1-5　彩瓷茶具

(三)玻璃茶具

玻璃茶具(见图6-1-6)质地透明,外形光泽夺目,可塑性强,形态万千,且用途广泛,适用于冲泡信阳毛尖、君山银针、金骏眉等具有极高的欣赏价值的茗茶。

图6-1-6　玻璃茶具①

---

①图片来源:https://www.zhihu.com/tardis/bd/art/187545601。

（四）漆器茶具

漆器茶具（见图6-1-7）主要产自福建福州一带，其外形各式各样，一般使用银作为主体材料，密度小，质量轻，色泽光亮，物理性质极其稳定，具有耐高温、耐酸等特点。

图6-1-7　漆器茶具①

（五）金属茶具

金属茶具（见图6-1-8）一般采用金、银、铜、锡等物理性质较为稳定的金属作为本体材料，此类茶具密封性能好，防氧化，特别是锡，常用作储茶器具的材料。

图6-1-8　金属茶具②

（六）木鱼石茶具

木鱼石一种罕见的空心的矿石，一般使用整块木鱼石制作茶壶、茶杯等，制作出来的茶具防腐性强、通透性好。木鱼石茶具如图6-1-9所示。

---

①图片来源：https://www.zhihu.com/tardis/bd/art/187545601。
②图片来源：https://www.zhihu.com/tardis/bd/art/187545601。

图 6-1-9　木鱼石茶具①

（七）竹木茶具

竹木茶具（见图6-1-10）制作工艺简单、经济实惠,被广大茶友所喜爱;取纯天然竹木为制作原料,极具特色的地方在于,使用竹木茶具泡制的茶水,散发着一股淡淡的竹香,竹香加茶香,丰富了茶汤的口感。

图 6-1-10　竹木茶具②

二、茶具的用途介绍

"工欲善其事,必先利其器。"不同的茶具,其用途有所不同,如图6-1-11所示。

---

①图片来源: https://www.zhihu.com/tardis/bd/art/187545601。
②图片来源: https://www.zhihu.com/tardis/bd/art/187545601。

图 6-1-11　茶具介绍

（一）茶壶

一般而言,茶壶的壶身线条优雅、圆润饱满。茶壶宽大的腹部,能够容纳足够的茶叶和水,使茶香得以充分散发。壶口处精致的壶嘴,设计巧妙,方便倾注茶水,增添了品茗的仪式感和美感。一把优质的茶壶,不仅能让茶叶的香气得到完美释放,更能在泡茶过程中保持自身的纯净,不吸附茶香,让每一次品茗都成为一次享受。

（二）盖碗

盖碗,又称"三才杯",是一种集盖、碗、托于一体的茶具,专用于品茗。其中,盖碗的"盖"象征着"天","托"则象征着"地",而"碗"则象征着"人"。这种茶具的设计不仅富有哲学意味,更体现了中国茶文化的深厚底蕴。

在泡茶的过程中,盖碗的各部分都有其独特的功能。碗身用于容纳茶叶和茶水,托则起到稳定碗身、防止烫手的作用,而盖则可以调整茶叶的浸泡程度,从而控制茶水的口感和香气。此外,盖碗还蕴含着"天地人和"的哲学思想。这种茶具的设计,将"天""地""人"三者巧妙地结合在一起。

（三）公道杯

公道杯,又称"茶海",其主要功能是确保茶汤的均匀分配。

Note

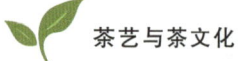

（四）品茗杯

品茗杯是专为品味和欣赏茶汤所设计的茶杯,通常由白瓷、紫砂或玻璃等材质精心制成。

（五）闻香杯

闻香杯与品茗杯常搭配使用,将品茗杯反扣于闻香杯之上,寓意"龙凤呈祥"。翻转二者,如"鲤鱼翻身",单手操作则似"白鹤亮翅"。闻香杯专用于品味茶香,尤其适用于冲泡乌龙茶。在享受高香乌龙茶时,需遵循一嗅、二闻、三品的顺序,细品茶香之美。

（六）茶荷

茶荷,用于盛放和观赏茶叶。茶荷的形状多为有引口的半球形,通常用竹、木、陶、瓷等制成。

（七）茶道组合——"茶道六君子"

"茶道六君子"由竹木制成,清雅纯然。"茶道六君子"分别是茶筒、茶匙、茶漏、茶则、茶夹、茶针,各自具有相应的作用,是品茗时的必备良伴。

1. 茶筒

茶筒是一种专门用于存放茶艺工具的容器。

2. 茶匙

使用茶匙可便捷地将茶叶从茶荷中拨入盖碗或茶壶,茶匙亦可用于清理茶具中的余茶,操作简便且卫生。

3. 茶漏

在投茶时将茶漏置于壶口之上,可顺利将茶叶倒入壶内,防止茶叶散落壶外。

4. 茶则

茶则的作用主要是便于使用者从茶罐中量取茶叶,确保每一次泡茶所使用的茶叶量都恰到好处。

5. 茶夹

茶夹是一种专门用于夹取茶杯进行清洗的工具,它不仅能够防止烫伤,还能确保清洗过程卫生。

6. 茶针

茶针是专门用来清理和疏通茶壶内部细密网格（"蜂巢"）的工具,以确保茶水的沏泡过程顺畅无阻。

（八）茶滤

茶滤是专门用于从茶壶中过滤茶汤的工具,其作用是确保茶汤中不会混入茶渣,从而保持茶汤的清澈透明,既提升观感的舒适度,又保证口感的纯净与细腻。

（九）杯托

杯托主要用于支撑和稳定茶杯，以防茶杯烫手或碰翻茶杯。无论是木质的温润还是竹质的清新，杯托都以其独特的质感，增添了品茗的雅致。在奉茶时，将茶杯轻置于杯托之上，不仅体现了主人的细心周到，还使整个品茶过程更显雅致。

（十）茶巾

茶巾，专为茶室中的茶壶、茶桌等精心打造，极为理想的材质是纯棉或麻质的，这两种材质均具备较强的吸水性。此外，茶巾还需柔软舒适，以保护茶壶、茶桌表面不受磨损。

三、泡茶用水的选择

水是生命的源泉，泡茶用水的质量对茶的色、香、味起着决定性的作用。在中国茶文化中，好茶必须配以优质的水，方能让人品味到真正的茶道之美。明朝许次纾的《茶疏》中写道："茶滋于水，水籍乎器，汤成于火，四者相须，缺一则废。"茶、水、器、火，这四者共同构成了茶艺的精髓。自古流传着"水为茶之母，器为茶之父"的说法，凸显了水在泡茶过程中的重要性。

（一）泡茶用水的标准

泡茶用水须达到"清、轻、甘、冽、活"五大标准，只有符合这些标准的水，才能称得上是"美水"。

其一，水质必须清澈透明，不含有任何杂质和异味。

其二，水质要软，不宜过硬，这样才能更好地提取茶叶的香气和滋味。

其三，水的味道要甘甜可口，不带有苦涩味或其他异味。

其四，水温要适宜，既不能太热也不能太凉，以最大限度地保留茶叶原有的风味和营养成分。

其五，水源要流动，以保证水的新鲜度和氧气含量，从而更好地激活茶叶的香气和味道。

只有符合这五大标准的水，才能为泡出好茶提供有力的保障。

（二）泡茶用水的分类

泡茶用水可划分为三大类别：天水类、地水类以及再加工水类。

1. 天水类

这类水主要来源于自然界的降水，如雨水、雪水、霜水、露水、冰雹等。

2. 地水类

地水类涵盖了各种地表和地下的水源，如泉水、溪水、江水、河水、湖水、池水、井水等。

3.再加工水类

再加工水类指的是经过工业手段净化处理后的饮用水,包括自来水、纯净水(如蒸馏水、太空水等)、活性水(如磁化水、矿化水、高氧水、离子水、生态水等)等。

(三)煮水

煮水是一个至关重要的环节。以下是煮水在茶艺中的主要作用。

第一,充分提取茶叶的香气和味道,使得泡出的茶更加醇厚。

第二,控制水温。煮水可以精确地控制水温,这是泡茶的关键因素之一。不同种类的茶叶需要通过不同的水温来提取最佳的味道和香气。煮水可以确保水温适宜,从而更好地提取茶叶的风味。

第三,去除水中的杂质和异味。在煮水的过程中,一些杂质和异味会被去除,使得泡出的茶水更加纯净、清香。

第四,增加茶水的口感和营养价值。煮水可以将茶叶中的有益物质充分溶解在水中,从而丰富茶水的口感和营养价值。

因此,在茶艺中,煮水是一个不可或缺的环节。它不仅能够确保泡出的茶水具有最佳的味道和香气,还能够增加茶水的营养价值,提升品茶的整体体验。

1.煮水燃料的选择

在选择煮水燃料时,需考虑两个关键因素:其一,燃料的燃烧性能必须优越,能够产生充足的热量,以满足快速加热和煮沸的需求;其二,燃料在燃烧过程中不能产生异味或冒烟,以确保水质不受到污染。这两个因素对于煮水至关重要。

2.煮水器的选择

在挑选煮水器时,应特别关注其质地与材料,应避免使用那些会产生过多杂质的注水器。例如,铁壶并不适用于煮水泡茶,因为铁壶容易积聚铁锈和水垢,这些杂质在煮茶时会混入茶水中,导致绿茶的汤色变得暗沉、红茶的汤色转为褐色。这不仅影响了茶水的色泽,还有可能削弱茶汤原有的鲜爽口感。因此,在挑选煮水器时,我们应选择材质纯净、不易产生杂质的容器,以确保泡出的茶水纯净、口感鲜爽。

3.煮水的程度

在煮水泡茶时,应使用急火煮水,不能选择文火慢烧的方式。

┃ 他山之石 ┃

盖碗的"天地人合"

盖碗,这款独特的汉族茶具,由盖、碗、托三部分构成,犹如"天""人""地"三者的和谐统一。在四川,这种茶具尤为受人喜爱,用这种茶具泡出的茶被称为"盖碗茶"。这款茶具亦被称为"三才碗"或"三才杯",其中,"盖"象征着

"天空","碗"象征着"人类",而"托"象征着"大地",三者完美融合,恰好体现了中国传统文化中的"天地人合"理念。"茶托"又称为"茶船"。

　　泡制盖碗茶时,需先用沸水烫洗碗具,然后放入适量的茶叶,注入热水,最后盖上盖子。茶叶在热水中慢慢沁出香气,这一过程所需的时间因茶叶的种类和数量而异,一般为20秒至3分钟。盖碗茶起源于唐朝时期的四川地区,在清朝时期的北京地区极为盛行,成为中国传统茶文化的一大特色。

　　(资料来源:https://cul.sohu.com/a/728610635_99926623。)

素养提升

长嘴壶茶艺表演

　　长嘴壶茶艺表演堪称中国茶艺的瑰宝。长嘴壶这把拥有悠久发展历史的独特茶具,不仅承载了深厚的文化底蕴,还有助于展现精湛的制茶技艺。长嘴壶茶艺表演是民众喜爱的民俗活动,其实用性与观赏性相得益彰。沸水在长壶嘴的引导下流淌,水温自然降低,处于适宜的温度,尤其适合泡制盖碗茶。

　　在长嘴壶茶艺表演中,茶艺师通过肢体语言巧妙地传达出丰富的文化内涵,既增长了茶客的茶艺知识,又能引起茶客深思。长嘴壶茶艺表演不仅为茶艺馆增添了浓厚的文化氛围和民俗气息,还为茶客带来了无与伦比的品茗乐趣。

　　值得一提的是,长嘴壶茶艺表演所追求的"壶人合一"境界,正是茶艺师"择一事终一生"的专注执着、"专一行精一行"的精益求精,以及"偏毫厘不敢安"的工匠精神的体现。这些精神,正是推动中国茶业不断发展进步、追求卓越的动力源泉。

　　(资料来源:https://www.sohu.com/a/65399342_375679。)

润物无声:精益求精;工匠精神;助力乡村振兴;技能报国

茶余课后

　　学生分为若干个小组,各组分别介绍紫砂茶具、瓷质茶具、公道杯、品茗杯、"茶道六君子"的功能和用途。小组内的学生通过合理分工和协作完成相应任务,以口头汇报的形式在班级内展示学习成果,并将各组的汇报视频上传至学习通平台;分别由学生个人、小组成员、校内外教师对各组学习成果进行评价,将得分累计。获胜的小组将获得教师赠送的茶叶礼包和积分;对于其他小组的学生,教师可以赠送某款茶叶作为鼓励。

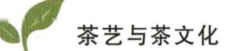

评价标准

教学评价	评价标准	标准分值	个人评价(10%)	小组评价(30%)	校内外教师评价(60%)	得分合计
课堂纪律(30%)	出勤率	15分				
	课堂纪律	15分				
项目评价(50%)	自主学习能力	5分				
	操作能力	35分				
	处理特殊情况的能力	5分				
	对客服务意识	5分				
团队协作能力(20%)	参与团队任务的积极程度	10分				
	小组分工配合程度	10分				

任务二　绿茶茶艺

🍵 任务目标

通过本任务的学习,掌握绿茶冲泡基本流程和三种投茶方法,提高在绿茶冲泡操作方面的专业性。

🍵 任务描述

绿茶是我国历史极为悠久、品种极多、产量极大、种植面积极广、销量极高的一类茶。绿茶属于不发酵茶,干茶呈翠绿色、嫩绿色或黄绿色,茶汤清澈明亮,滋味鲜爽,其品质特征表现为清汤绿叶。绿茶冲泡器分为玻璃杯和盖碗两种。

🍵 任务分析

本任务主要引导学生掌握正确冲泡绿茶的方法,学会根据茶性选择不同的投茶方式,并具备在茶艺表演过程中熟练运用"凤凰三点头"注水法的能力。

🍵 任务准备

准备盖碗、玻璃杯等泡茶用具;准备都匀毛尖、西湖龙井、太平猴魁三种嫩度不同的茶叶;课前预习适用于以上三种茶叶的投茶方法。

任务实施

一、绿茶冲泡要领

（一）水温

高级绿茶,如西湖龙井、洞庭碧螺春等,其嫩度较高,建议使用80—85℃的水进行冲泡;而普通绿茶,一般使用90℃的水冲泡。

（二）器具

冲泡绿茶时,一般选择玻璃杯或白瓷杯,并且不需要使用盖子。这样不仅可以增加茶汤的透明度,便于欣赏茶叶的姿态,还能防止嫩茶因过高的温度而泡熟,从而保持其鲜嫩的色泽和清新的口感。

（三）茶水比例

通常,每杯绿茶的投茶量为3克,注入约150毫升的水。这样,茶与水的比例大约是1克茶配50毫升水。

（四）冲泡次数

绿茶通常可以冲泡2—3次。随着冲泡次数的增加,茶叶中的营养物质会逐渐减少。

（五）投茶方法

茶叶的投放顺序对茶汤的口感有较大的影响,尤其是在冲泡绿茶时。常用的茶叶投放技巧有上投法、中投法和下投法。

1.上投法

上投法主要适用于细嫩绿茶,如信阳毛尖、洞庭碧螺春等,这些茶叶通常是一芽一叶或满身披毫的形态。操作时,先向杯中注入80—85℃的水至七分满,然后轻轻放入茶叶,如图6-2-1所示,让茶叶慢慢下沉,与水充分融合。等待2—3分钟后,即可饮用。上投法的优点在于茶叶能够逐渐释放香气和味道,使茶汤更加鲜爽。

2.中投法

中投法适用于较细嫩且高香的绿茶,如西湖龙井、安吉白茶等,这类茶叶通常呈紧结状,为一芽一叶或一芽两叶。操作时,先向杯中注入80—85℃的水至

图6-2-1　投茶方法之上投法

三分满,然后放入茶叶,如图6-2-2所示。接着倾斜杯身让茶叶与水充分接触,再缓缓注入水至七分满。茶叶在水中翻腾起舞,茶香四溢。等待2—3分钟后,即可饮用。这种方法既能保护茶叶不受热力伤害,又能充分激发茶香。

图6-2-2　投茶方法之中投法

3. 下投法

下投法适用于茶形较松、嫩度较低的绿茶,如太平猴魁、六安瓜片等。这类茶叶通常是一芽两三叶或更低等级。操作时,先将茶叶放入杯中,然后高冲注入80—85℃的水,如图6-2-3所示。茶叶随着水柱翻滚并舒展,释放出内含物的香气和味道。等待2—3分钟后,即可饮用。这种方法利用热水的冲击力激发茶叶内含物扩散,使茶汤更加醇厚。

图6-2-3　投茶方法之下投法

二、绿茶冲泡流程

冲泡绿茶的基本操作规范见表6-2-1。

表 6-2-1　冲泡绿茶的基本操作规范

程序	操作规范	示例
备具、备水	准备茶盘、玻璃盖碗、公道杯、煮水壶、茶道组、茶滤、滤架、茶叶罐、茶荷、茶巾、品茗杯、杯托等	—
温杯、洁具	打开碗盖,注入约一半的开水。随后盖上碗盖,先将水倒入公道杯,再依次倒入品茗杯,这样既能够温热茶具,也有助于释放茶叶的香味	
赏茶	从茶叶罐中取出适量的茶叶放入茶荷中,仔细观赏其形态和色泽。同时感受干茶的香气,评价绿茶的品质特征	
注水	向盖碗中注入约三分之一的水量	
投茶	用茶则或茶匙将约3克的茶叶投入盖碗中,茶与水的比例为1∶50	
摇香	双手持碗,轻摇使茶叶与水充分接触,从而充分释放茶香	

Note

续表

程序	操作规范	示例
冲泡	右手持壶,以高冲的方式,缓缓将水注入盖碗中,直至七分满。这一动作要流畅而稳定,确保茶叶在水中充分舞动	
分茶	将泡好的茶汤倒入公道杯中。在倒茶时,应将盖碗放低,这样既能保持茶汤的香气和温度,也能避免茶汤溅出或产生泡沫。随后,将公道杯中的茶汤斟入品茗杯中,同样至七分满,以示尊重	
奉茶	双手端起杯托,向客人行点头礼,将泡好的茶汤奉送到客人面前,轻放在茶桌上。右手掌心向上,做出"请"的手势,邀请客人品茶	

他山之石

一个人的故事,一段茶的往事

　　"茶为国饮,杭为茶都。"西湖龙井的发展历史可追溯到唐朝,其名创于宋朝,闻于元朝,扬于明朝,盛于清朝,至今扬名于全世界。中华人民共和国成立后,西湖龙井的生产发展离不开一个人——卢正浩,他是全国劳动模范、西湖龙井茶界传奇人物和领军人物,对西湖龙井尤其是梅家坞西湖龙井的生产发展做出了巨大贡献。卢正浩是一个纯粹的茶人,作为梅家坞的掌门人,他将自己的一生都投入到带领村民种植龙井茶、提升茶叶品质之中,最终使梅家坞西湖龙井享誉全世界。卢正浩的小女儿卢江梅女士承继父志,接过了发展梅家坞西湖龙井的大旗,用父亲的名字——卢正浩,成立了西湖龙井品牌,至今已成为堪称行业典范的著名品牌。

（资料来源:https://www.digitaling.com/projects/27598.html。）

素养提升

水为茶之母,器为茶之父

水为茶之母,器为茶之父。想要泡好一杯茶,冲泡用水和器皿的选择十分重要。明朝张大复在《梅花草堂笔谈》中说道:"茶性必发于水,八分之茶,遇十分之水,茶亦十分矣;八分之水,试十分之茶,茶只八分耳。"陆羽在《茶经》中精心设计了适用于烹茶和品茗的二十余种茶器。

从茶艺的角度来说,品茗是展演性的艺术享受,茶器的使用过程是一个精细的过程,蕴含着丰富的文化思想和礼仪,水和器对于茶而言缺一不可,对于水和器的强调和要求凸显了饮茶者对于获得完美品茗体验的追求。

（资料来源:https://baijiahao.baidu.com/s?id=17704105586828840128&wfr=spider&for=pc。）

润物无声;
互利互惠;
和谐统一;
精益求精;
以茶雅致

茶余课后

任务一:教师准备三款茶叶——洞庭碧螺春、西湖龙井、六安瓜片,学生以小组为单位,根据兴趣选择对应的茶品,各组成员分工合作,采用上投法、中投法、下投法三种方法冲泡相应的绿茶。

任务二:每组挑选一位学生代表,冲泡同一款绿茶,并进行相互品鉴与评价,最终由各组学生代表组成的评委团评选出茶艺最为精湛的小组。

评价标准

教学评价	评价标准	标准分值	个人评价（10%）	小组评价（30%）	校内外教师评价（60%）	得分合计
课堂纪律（30%）	出勤率	15分				
	课堂纪律	15分				
项目评价（50%）	自主学习能力	5分				
	操作能力	35分				
	处理特殊情况的能力	5分				
	对客服务意识	5分				
团队协作能力（20%）	参与团队任务的积极程度	10分				
	小组分工配合程度	10分				

Note

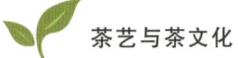

任务三　乌龙茶茶艺

🍵 任务目标

通过本任务的学习,掌握乌龙茶的基本冲泡流程,能够熟练运用紫砂壶与盖碗进行乌龙茶冲泡,提升在乌龙茶冲泡方面的专业服务技巧。

🍵 任务描述

乌龙茶,作为半发酵茶的代表,主要分为闽南乌龙、闽北乌龙、广东乌龙和台湾乌龙四大类别。乌龙茶干茶青褐、油润,冲泡后汤色呈橙黄色至琥珀色,香气高扬,味道醇厚,叶底特征为三分红七分绿,俗称"绿叶红镶边"。冲泡乌龙茶时,常使用紫砂壶或盖碗。

🍵 任务分析

本任务旨在引导学生了解乌龙茶的正确冲泡方法,学会根据茶具选择适宜的冲泡技巧,掌握紫砂壶的保养方法,具备熟练进行乌龙茶茶艺表演的能力。

🍵 任务准备

准备盖碗、公道杯等泡茶工具;准备安溪铁观音、武夷岩茶等乌龙茶样品;预习盖碗和紫砂壶的使用方法,为实际操作打好基础。

🍵 任务实施

一、乌龙茶冲泡要领

(一)水温

乌龙茶属于半发酵茶,能够经受住高温的考验。为了充分展现乌龙茶独特的香气和滋味,宜使用100℃的沸水进行冲泡。需要注意的是,为避免茶汤过于浓烈,茶叶的浸泡时间不宜过长。

(二)器具

乌龙茶有着独特的条索状外形,在冲泡时应注意选用合适的器具,紫砂壶和盖碗是理想的选择。紫砂壶传热缓慢、保温性能优良、透气性强,有着独特的聚香性,能够更好地突显乌龙茶的香气。而盖碗具有不吸香、不增香的特性,能够真实地还原茶汤的本味。

(三)茶水比例

对于容量为120—150毫升的盖碗或紫砂壶,建议投入6—8克的乌龙茶,这样茶与水的比例为1:20至1:30,既保证了茶味的浓郁,又避免了茶叶的浪费。

(四)注水方法

在冲泡乌龙茶时,注水方法至关重要。一般采用定点旋冲的方式,即从高处边缘处不间断地缓缓将水注入茶壶中,使茶叶在壶内回旋滚动,形成循环。这种注水方法能够充分激发茶叶的香气,是冲泡乌龙茶的关键步骤。

(五)冲泡次数

在冲泡乌龙茶时,投茶量大且茶叶较为粗老,因此可以冲泡5—7次。随着冲泡次数的增加,茶叶中的营养物质会逐渐减少,因此,每次冲泡时的闷茶时间应比前一次适度延长,以充分提取茶叶的精华。

二、乌龙茶冲泡流程

冲泡乌龙茶的基本操作规范见表6-3-1。

表6-3-1　冲泡乌龙茶的基本操作规范

程序	操作规范	示例
备具、备水	准备茶盘、瓷器盖碗、公道杯、煮水壶、茶道组、茶滤、滤架、茶叶罐、茶荷、茶巾、品茗杯、杯托等	—
温杯、洁具	打开碗盖,注入约一半的开水。随后盖上碗盖,先将水倒入公道杯,再依次倒入品茗杯,这样既能够温热茶具,也有助于释放茶叶的香味	
赏茶	从茶叶罐中取出适量的茶叶放入茶荷中,仔细观赏其形态和色泽。同时感受干茶的香气,评价乌龙茶的品质特征	

续表

程序	操作规范	示例
投茶	用茶则或茶匙将约5克的茶叶投入盖碗中,茶与水的比例为1:20至1:30	
摇香	双手捧起盖碗,上下晃动,使干茶在温热的盖碗中散发出香气	
温润泡	注水时,采用高冲注水的方式,使茶叶完全浸没。然后,迅速将茶汤倒出	
冲泡	当茶叶"苏醒"后,再次将沸水冲入盖碗。水从高处边缘处缓缓注入,使茶叶在壶中回旋滚动,与沸水产生撞击,有助于茶叶香味的释放。之后,用碗盖刮去浮沫,盖好碗盖,俗称"春风拂面",让茶叶在盖碗内浸泡1—2分钟	
分茶	将泡好的茶汤倒入公道杯中。在倒茶时,应将盖碗放低,这样既能保持茶汤的香气和温度,也能避免茶汤溅出或产生泡沫。随后,将公道杯中的茶汤斟入品茗杯至七分满,以示尊重	

续表

程序	操作规范	示例
奉茶	双手端起杯托,向客人行点头礼,将泡好的茶汤奉送到客人面前,轻放在茶桌上。右手掌心向上,做出"请"的手势,邀请客人品茶	

他山之石

"三道茶"

"三道茶"的第一道茶为"苦茶",制作时,先将水烧开,由司茶者(主人)将一只小砂罐置于文火上烘烤。待罐烤热后,取适量茶叶放入罐内,并不停地转动砂罐,使茶叶受热均匀。待罐内茶叶转黄,茶香喷鼻,便注入已经烧沸的开水。少顷,主人将沸腾的茶汤倾入茶盅,再用双手举盅献给客人。第一道茶经烘烤、煮沸而成,看上去色如琥珀,闻起来焦香扑鼻,喝下去滋味苦涩,通常只有半杯,饮茶者会一饮而尽。

第二道茶是"甜茶"。当客人喝完第一道茶后,主人重新用小砂罐置茶、烤茶、煮茶,并在茶盅内放入少许红糖、乳扇、桂皮等,这样沏成的茶,香甜可口。

第三道茶是"回味茶",其煮茶方法与前两道茶大致相似,不同的是茶盅内的原料已换成适量蜂蜜、少许炒米花、若干粒花椒、一撮核桃仁,茶容量通常为六七分满。这杯茶,喝起来甜、酸、苦、辣,各味俱全,回味无穷。

"三道茶"蕴含"一苦,二甜,三回味"的人生哲理。

素养提升

文士茶表演

文士茶也称"雅士茶",其泡茶方法由古时文人雅士的饮茶习俗整理而来,属于汉族盖碗泡法,所用茶具为盖碗,茶叶为高档绿茶。茶艺小姐所穿服饰为江南传统服装,古朴、大方,为客人展现了汉族年轻妇女的成熟美。文士茶的艺术特色是意境高雅,在表演上追求汤清、气清、心清、境雅、器雅、人雅的儒士境界,凡而不俗。

Note

雅士茶的"雅"主要体现在四个方面:一是品茗之趣,二是茶助诗兴,三是以茶会友,四是雅化茶事。文士茶艺对茶叶、茶具、用水、火候、品茗环境有着文人特殊的要求。与会茶友,须人品高雅,有较好修养。诗词歌赋、琴棋书画等,是文士茶艺活动的主要内容。

文士茶艺的风格以静雅为主,文士茶艺的目的是达到修身养性的最高境界。文士茶讲究"三雅":饮茶人士之儒雅、饮茶器具之清雅、饮茶环境之高雅。文士茶还讲究"三清":汤色清、气韵清、心境清,以达到物我合一、忘怀世俗的境界。

（资料来源:https://www.xuexila.com/aihao/yincha/2495526.html。）

润物无声:
美美与共;
修身养性;
人文素养;
茶人精神

茶余课后

任务一:教师准备"大红袍"和铁观音,学生以小组为单位,根据兴趣选择对应的茶品,组内成员协作完成乌龙茶的冲泡工作。品一品、比一比,看哪一组冲泡的乌龙茶的质量最好。

任务二:每组挑选一位学生代表,冲泡同一款乌龙茶,并进行相互品鉴与评价,最终由各组学生代表组成的评委团评选出茶艺最为精湛的小组。

评价标准

教学评价	评价标准	标准分值	个人评价（10%）	小组评价（30%）	校内外教师评价（60%）	得分合计
课堂纪律(30%)	出勤率	15分				
	课堂纪律	15分				
项目评价(50%)	自主学习能力	5分				
	操作能力	35分				
	处理特殊情况的能力	5分				
	对客服务意识	5分				
团队协作能力(20%)	参与团队任务的积极程度	10分				
	小组分工配合程度	10分				

Note

任务四　红茶茶艺

🍵 任务目标

通过本任务的学习,掌握红茶的冲泡流程和技巧,包括使用瓷壶、盖碗、紫砂壶等不同器具进行冲泡的方法。同时,提升在冲泡红茶方面的专业能力和服务水平。

🍵 任务描述

红茶是一种全发酵茶,干茶色泽乌润,汤色红亮,滋味甘醇,茶性温和,其品质特征表现为红汤、红叶。红茶的冲泡方法分为清饮冲泡法和调饮冲泡法。在欧美地区,人们常常在下午享用加有牛奶或糖的调饮红茶,并配以精美的茶点,形成了独具特色的"下午茶"文化。

🍵 任务分析

本任务的核心目标是引导学生深入了解红茶的品质特点,使学生具备使用不同的冲泡器具正确冲泡红茶的能力,同时,引导学生通过实践掌握红茶茶艺表演的相关要求。

🍵 任务准备

准备瓷壶、公道杯等泡茶用具;准备正山小种红茶;预习工夫红茶的冲泡流程。

🍵 任务实施

一、红茶冲泡要领

(一)水温

冲泡红茶的水温需根据红茶的品种、茶叶条索的紧实度以及老嫩程度来调整。通常,条索粗大、紧实的红茶,其出汤速度较慢;而鲜嫩、条索松散的红茶,其出汤速度较快。因此,在冲泡红茶时应将水温控制在90℃左右。例如,高等级的红茶,如金骏眉、滇红金芽等,建议使用85℃的水进行冲泡,经多次冲泡后,茶叶仍能保持良好的香气和口感。

(二)器具

红茶茶香醇厚,茶汤甘甜可口,适合使用以下几种茶具进行冲泡。

1.盖碗

盖碗是冲泡红茶的理想选择,其能够完美控制投茶量、水温、出汤速度等因素。盖碗又称"三才杯",寓意"天地人合",使用盖碗泡茶体现了对于中国茶文化的传承。

2.白瓷壶

白瓷壶的瓷质细腻,能够清晰地展现茶汤的色泽,让品茶过程更加赏心悦目。

3.紫砂壶

紫砂壶透气性好,能保持茶汤的原汁原味。长期使用紫砂壶泡茶,即使某天不放茶叶,在紫砂壶中注入沸水也能散发出茶香,这是紫砂壶独有的特点。

4.玻璃茶壶

玻璃茶壶透明度高,可以清晰地看到红茶茶汤的色泽及其变化,为品茶增添了几分美感。

（三）茶水比例

一般来说,容量为150—250毫升的盖碗或紫砂壶,投茶量为3—5克,茶与水的比例约为1:50。这样的比例有助于充分提取茶叶的香气和滋味。

（四）注水方式

定点注水方式适合冲泡香气清新、层次丰富的红茶。缓慢注入细水流,让茶叶与水充分接触,有助于快速浸出茶叶中的香气和滋味,使茶汤层次感更加丰富。

（五）冲泡次数

红茶的冲泡次数取决于茶叶的品质和饮用方式。一般来说,红茶可冲泡4—5次。随着冲泡次数的增加,茶叶中的营养物质会逐渐减少,但每次冲泡出的茶水都能给品茶者带来不同的口感体验。

二、红茶冲泡流程

冲泡红茶的基本操作规范见表6-4-1。

表6-4-1　冲泡红茶的基本操作规范

程序	操作规范	示例
备具、备水	准备茶盘、瓷壶、公道杯、煮水壶、茶道组、茶滤、滤架、茶叶罐、茶荷、茶巾、品茗杯、杯托等	—

续表

程序	操作规范	示例
温杯、洁具	打开壶盖，注入约一半的开水。随后盖上壶盖，先将水倒入公道杯，再依次倒入品茗杯，这样既能够温热茶具，也有助于释放茶叶的香味	
赏茶	从茶叶罐中取出适量的茶叶放入茶荷中，仔细观赏其形态和色泽。同时感受干茶的香气，评价红茶的品质特征	
投茶	用茶则或茶匙将约3—5克的茶叶投入瓷壶中，茶与水的比例为1:50	
温润泡	注水时，采用定点注水的方式，使茶叶完全浸没。然后，迅速将茶汤倒出	
冲泡	将90℃的水注入瓷壶内，轻轻盖上壶盖，静置几秒钟后出汤	

续表

程序	操作规范	示例
分茶	将泡好的茶汤倒入公道杯中。在倒茶时,应将瓷壶放低,这样既能保持茶汤的香气和温度,也能避免茶汤溅出或产生泡沫。随后,将公道杯中的茶汤斟入品茗杯至七分满,以示尊重	
奉茶	双手端起杯托,向客人行点头礼,将泡好的茶汤奉送到客人面前,轻放在茶桌上。右手掌心向上,做出"请"的手势,邀请客人品茶	

他山之石

红茶之源·寻道桐木村

金骏眉,这款享誉全球的红茶,诞生于一个传奇之地——桐木村。

这个位于武夷山市星村镇的山村,隐藏于被誉为"东南屋脊"的武夷山脉黄岗山的幽深之处,闽赣古道从这里穿越。桐木关,作为武夷山的八大雄关之一,不仅位于武夷山国家级自然保护区的核心地带,更是蜚声全球的武夷山九曲溪的源头。

"红茶的起源在中国,其根基在福建,而武夷桐木则是红茶的始祖之地。"桐木关的江墩自然村和庙湾自然村,是著名的正山小种红茶的原产地和核心产区。

(资料来源:郑娜,《为了那片"中国红"》,载《人民日报海外版》,2023年1月2日第7版。)

素养提升

品一壶红茶,寻一味清欢

古田县是一片孕育着深厚茶文化的土地,其种茶历史可追溯至清道光年间。那时,古田人独创的小种红茶,经过百年沉淀,逐渐发展成为蜚声海内外的"外山小种红茶",享有极高的声誉。古田红茶是一种有着高山独特韵味的条形红茶,其品质独特,耐泡且口感醇厚,香气芬芳却不油腻,茶汤鲜爽甘滑,特别是那独有的"桂圆汤香",令人难以忘怀。

古田红茶的魅力,源自其坚守的古法制作工艺:选用古田菜茶、梅占等优质茶青,经过鲜叶采收、萎凋、揉捻、发酵、烘焙、筛分、拣别、提香、匀堆、装箱等步骤,最终制成条索紧结、乌中带褐、光泽照人的茶叶。

在2022年,古田红茶制作技艺被宁德市人民政府列入宁德市非物质文化遗产名录。为了保护这一珍贵的工艺,古田县积极行动,成立了"古田菜茶"茶树种质资源保护领导小组,致力于资源的保护工作。同时,古田县通过田野调查,深入研究古田红茶制作技艺的提升路径,并加强对技艺传承人的保护,发挥他们的积极性和创造性,确保技艺得到传承与发扬。

此外,古田县还将古田红茶制作技艺与生态休闲、旅游观光、研学教育等结合,打造独具特色的古田红茶文化旅游生态。在乡村振兴发展理念的引领下,古田红茶焕发出新的生机与活力,成为推动地方经济发展的重要力量。

（资料来源：https://www.thepaper.cn/newsDetail_forward_26355570。）

▼
润物无声:
遵循规律;
乡村振兴;
资源保护;
工匠精神;
与时俱进

茶余课后

任务一:教师准备三款茶叶——正山小种、祁门红茶和金骏眉,学生以小组为单位,根据兴趣选择对应的茶品,各组成员进行分工合作,完成红茶冲泡任务。品一品、比一比,看哪一组冲泡的红茶的质量最好。

任务二:每组挑选一位学生代表,冲泡同一款红茶,并进行相互品鉴与评价,最终由各组学生代表组成的评委团评选出茶艺最为精湛的小组。

评价标准

教学评价	评价标准	标准分值	个人评价(10%)	小组评价(30%)	校内外教师评价(60%)	得分合计
课堂纪律(30%)	出勤率	15分				
	课堂纪律	15分				
项目评价(50%)	自主学习能力	5分				
	操作能力	35分				
	处理特殊情况的能力	5分				
	对客服务意识	5分				
团队协作能力(20%)	参与团队任务的积极程度	10分				
	小组分工配合程度	10分				

Note

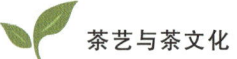

任务五　白茶茶艺

🍵 任务目标

通过本任务的学习,了解白茶的相关知识,掌握白茶的基础冲泡技巧,了解不同冲泡器皿对白茶口感的影响及相关冲泡步骤。同时,通过实践,提高白茶冲泡技能。

🍵 任务描述

白茶,作为中国茶文化的瑰宝,具有独特的性寒特质,常被视为降火良药。白茶属于微发酵茶类,满披白毫,呈现银白隐绿的色泽;茶汤呈浅杏色,清澈明亮,香气清新,口感醇和、微甜;叶底银白如玉。冲泡白茶常用的器具有玻璃杯、盖碗、瓷壶等。

🍵 任务分析

本任务的核心目标在于让学生掌握白茶的冲泡流程与技巧,特别是使用玻璃杯进行冲泡的方法;引导学生通过实践操作,掌握冲泡白茶的基本步骤,提升冲泡技能。

🍵 任务准备

准备盖碗、公道杯等泡茶用具;准备白毫银针;对相关知识进行预习,包括新白茶与老白茶在茶性、冲泡方式等方面的差异。

🍵 任务实施

一、白茶冲泡要领

（一）水温

以下为冲泡白茶的三个温度区间。

1. 第一区间:85—90℃

这一温度区间主要用于冲泡新鲜且嫩度较高的白茶,如白毫银针和特级白牡丹的前几泡。过高的水温会导致茶叶中的内含物迅速浸出,使茶叶在后续冲泡中变得不耐泡,甚至产生涩味。

2. 第二区间:90—95℃

这个温度区间适用于稍陈化或嫩度稍低的白茶。例如,对于存放了两三年的白毫银针和白牡丹,可以使用这一温度区间进行冲泡,能够更好地展现茶叶的香气。

3. 第三区间:95—100℃

当进行茶叶品鉴时,通常会使用95—100℃的水进行冲泡,以测试茶叶的品质和缺点。

(二)器具

1. 瓷质茶具

瓷质茶具不吸味、不吸水,能够较为客观地展现茶叶的形态和风味,是大众化的选择。

2. 玻璃茶具

玻璃茶具透明度高,不会吸收茶香,适合冲泡白毫银针等嫩度较高的茶叶,能够清晰地展示茶叶的形态和茶汤的颜色。

3. 紫砂茶具

与寻常陶器不同的是,紫砂壶的内外皆不施釉,一般由精选的特定产地的紫泥、红泥经高温焙烧而成。因其成陶火温极高,烧结致密,胎质细腻,故能吸附茶汁,蕴蓄茶香。紫砂壶的导热性不强,泡茶时不会烫手。用紫砂壶泡制的老白茶,其口感比用盖碗冲泡的更为浓郁。

(三)茶水比例

(1)使用约120毫升的白瓷盖碗泡茶,投放2.5克茶叶即可。各类白茶在冲泡时均适用此比例。

(2)若使用200毫升的玻璃杯泡茶,则投放5克茶叶即可。泡茶时,玻璃杯中的茶叶量不宜过多,否则可能产生苦涩味。

(3)若使用400毫升的玻璃壶煮老白茶,投放5—6克茶叶即可。

(四)注水方式

1. 高冲法注水与低冲法注水

高冲法注水:提高水壶,使水流激荡,茶叶均匀受浸,更快析出茶味,如图6-5-1所示。此法适合老白茶和紧压白茶,能迅速释放茶叶中的芳香物质,使茶汤滋味醇厚。但高冲也会使茶叶变得不耐泡,茶味迅速变淡。

低冲法注水:压低注水口,贴近盖碗缓缓注水,降低水流的干扰,使茶叶缓慢展开,如图6-5-2所示。此法适合白毫银针、白牡丹等低发酵茶,使用低冲法注水制成的茶汤较为清澈,观赏性更佳。

图 6-5-1　高冲法注水①

图 6-5-2　低冲法注水②

2. 粗水流与细水流

水流粗,茶汤满得快,入杯温度高,适合茶味内敛的茶叶。水流细,则入杯温度低,能使茶叶更均匀地释放茶物质。例如,白毫银针这样的香味外溢的茶叶,宜用细水流进行冲泡,以防味道过浓。

3. 单边定点法注水

单边定点法注水是指向茶杯内注水泡茶时,水壶的壶嘴要低,沿着茶杯边缘的一个点注水,水流不宜过急,如图 6-5-3 所示。单边定点法注水比较适合出汤较快的茶,如新白茶、白毫银针、白牡丹等。

①图片来源:https://www.lvchashuo.com/paofa/18266.html。
②图片来源:https://zhuanlan.zhihu.com/p/469729025。

图6-5-3　单边定点法注水[1]

4.正中定点法注水

正中定点法注水要求在茶杯正中央固定注水,以细腻的水流缓慢冲泡,如图6-5-4所示。这样使得茶叶中心部分与水直接接触,其余部分是逐渐被浸透的,茶汤层次感明显。此法适用于有着丰富层次的茶香的茶叶,如老寿眉等。

图6-5-4　正中定点法注水[2]

5.环绕法注水

环绕法注水指的是注水时围绕茶杯杯壁旋转,边旋转边倒水,如图6-5-5所示。需注意,水流不应直接冲击茶叶,而应沿杯壁缓慢流入。对于芽叶较嫩的茶叶,如新白茶、绿茶、黄茶、普洱生茶的新茶等,使用环绕法注水更有利于香味的散发和保持茶汤的品质。

---

①图片来源:http://www.fengsung.com/n-160302133404753.html。

②图片来源:http://www.fengsung.com/n-160302133404753.html。

图 6-5-5 　环绕法注水①

6. 螺旋法注水

螺旋法注水指的是注水时按同一方向旋转,由茶杯中心逐渐移向茶杯外围,形成螺旋状移动轨迹,如图 6-5-6 所示。此法适用于冲泡白毫银针等茶叶,尤其适合已冲泡数次的茶叶,能更好地提取茶味。

图 6-5-6 　螺旋法注水②

正所谓:"香气靠冲,汤色靠控。"注水方法看似简单,但其对茶汤香味的释放具有显著影响,同时,茶汤的清澈度和滋味的丰富性也与注水方法紧密相关。

(五)冲泡次数

一般来说,白茶可续水 3—4 次。随着冲泡次数的增加,茶叶释放的营养物质逐渐减少,因此应适当延长茶叶的浸泡时间。

---

①图片来源:http://www.fengsung.com/n-160302133404753.html。
②图片来源:http://www.fengsung.com/n-160302133404753.html。

二、白茶冲泡流程

冲泡白茶的基本操作规范见表6-5-1。

表6-5-1　冲泡白茶的基本操作规范

程序	操作规范	示例
备具、备水	准备茶盘、盖碗、公道杯、煮水壶、茶道组、茶滤、滤架、茶叶罐、茶荷、茶巾、品茗杯、杯托等	—
温杯、洁具	打开碗盖，注入约一半的开水。随后盖上碗盖，先将水倒入公道杯，再依次倒入品茗杯，这样既能够温热茶具，也有助于释放茶叶的香味	
赏茶	从茶叶罐中取出适量的茶叶放入茶荷中，仔细观赏其形态和色泽。同时感受干茶的香气，评价白茶的品质特征	
投茶	用茶则或茶匙将茶叶投入盖碗中，投茶量为5克	
冲泡	用单边定点法或螺旋法将90—95℃的水注入盖碗中，静置大约30秒即可出汤	

Note

续表

程序	操作规范	示例
分茶	将泡好的茶汤倒入公道杯中。在倒茶时,应将盖碗放低,这样既能保持茶汤的香气和温度,也能避免茶汤溅出或产生泡沫。随后,将公道杯中的茶汤斟入品茗杯至七分满,以示尊重	
奉茶	双手端起杯托,向客人行点头礼,将泡好的茶汤奉送到客人面前,轻放在茶桌上。右手掌心向上,做出"请"的手势,邀请客人品茶	

| 他山之石 |

白茶与健康

白茶属于中国的传统茶饮,不仅有着独特的口感和香气,还具有许多保健功效。白茶是一种富含抗氧化物质的茶饮,其中包括儿茶素、茶多酚等有益成分。此外,白茶还含有丰富的微量元素,如氟、硒等,这些元素对于预防龋齿、维护牙齿健康以及预防心血管疾病等具有积极作用。

白茶的香气和口感与它的制作工艺有关。一般来说,白茶的制作过程比较简单,只经过萎凋和干燥两个步骤,因此最大限度保留了茶叶本身的自然风味和营养成分。同时,白茶没有经过像绿茶那样的杀青工艺,因此白茶的氧化程度较低,口感更加柔和、清新。

(资料来源:https://m.baidu.com/bh/m/detail/ar_10185909697232191251。)

| 素养提升 |

茶之坚韧

茶树对于生长地没有特别要求,不论土质肥沃或贫瘠,哪怕是在荒山上、瓦砾堆里,茶树都能存活下来并成长起来。茶树对于生长的气候也没有特别要求,酷暑也好,严寒也罢,都能尽情地吸纳天地之精华,年复一年,四季常青。

鲜叶在采摘后要经历一轮"淬炼",无论是下锅炒制,还是揉搓成条、发酵转化,这些工艺步骤都是在极力保证茶的品质。

最后一道环节——泡茶,茶遇热水方能释放出最好的滋味,这一刻茶毫无保留地"释放自己",直到茶汤无色无味,便完成了使命。

（资料来源：https://mp.weixin.qq.com/s?__biz=MzI2NDM2MTc4MQ==&.mid=2247550663&.idx=3&.sn=a1b16906f814a4d6eb87cf3169670781&chksm=eaaf849dddd80d8becf7187b9fb54d0a514c9a3c9c6f7a16c0e318492107284b70153416ca15&.scene=27。）

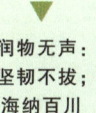

润物无声：
坚韧不拔；
海纳百川

茶余课后

任务一：教师准备三款茶叶——福鼎白茶、白毫银针、白牡丹,学生以小组为单位,根据兴趣选择对应的茶品,各组成员分工合作,完成白茶冲泡任务。品一品、比一比,看哪一组冲泡的白茶的质量最好。

任务二：每组挑选一位学生代表,冲泡同一款白茶,并进行相互品鉴与评价,最终由各组学生代表组成的评委团评选出茶艺最为精湛的小组。

评价标准

教学评价	评价标准	标准分值	个人评价（10%）	小组评价（30%）	校内外教师评价（60%）	得分合计
课堂纪律（30%）	出勤率	15分				
	课堂纪律	15分				
项目评价（50%）	自主学习能力	5分				
	操作能力	35分				
	处理特殊情况的能力	5分				
	对客服务意识	5分				
团队协作能力（20%）	参与团队任务的积极程度	10分				
	小组分工配合程度	10分				

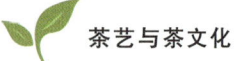

任务六　黄茶茶艺

🍵 任务目标

通过本任务的学习,了解黄茶的相关基础知识,掌握黄茶的冲泡流程,提高冲泡黄茶的操作能力。

🍵 任务描述

黄茶,属于中国六大茶类之一,为轻发酵茶,其制作工艺中的闷黄步骤极具特色,因汤色为杏黄色或淡黄色,故得名。闷黄过程中,在温热的闷蒸作用下,茶叶中的叶绿素发生转变,使得成品茶叶呈现出独特的黄色或绿色。闷黄工序不仅促使茶叶中的游离氨基酸及挥发性物质的含量增加,更赋予了黄茶甜醇的口感和浓郁的香气。

🍵 任务分析

本任务主要引导学生掌握黄茶的冲泡方法与技巧,熟悉使用玻璃杯冲泡黄茶的基本方法。

🍵 任务准备

准备玻璃杯、玻璃盖片等泡茶用具;准备君山银针;预习相关知识,包括君山银针的品质特征和冲泡方法。

🍵 任务实施

一、黄茶冲泡要领

（一）水温

黄茶属于轻发酵茶,冲泡用水的温度建议控制在80—85℃。若用温度过高的水冲泡黄茶,会导致黄茶中的天然物质受到破坏,使茶汤滋味变得苦涩。

（二）器具

黄茶的冲泡器具有玻璃杯、瓷杯、盖碗等,其中以玻璃杯为佳。用玻璃杯冲泡黄茶,不仅能充分观察茶叶在杯中的状态以及汤色,还能及时品闻香气。

（三）茶水比例

当使用容量为150毫升的玻璃杯泡茶时,建议投茶量为3克,茶与水的比例大约是1克茶叶对应50毫升的水,即1:50。

（四）注水方式

在冲泡黄茶时,投茶方法可以选择中投法或下投法。同时,使用"凤凰三点头"这种独特的注水方式,不仅可以让茶叶充分浸润,更能激发茶叶的香气。这种注水方式要求注水时有节奏地三起三落,同时保持水流连续,仿佛一只凤凰在盘旋中点头致意,这不仅体现了茶艺师对客人的敬意,也增加了泡茶过程的艺术性和趣味性。

（五）冲泡次数

一般来说,黄茶可以续水3—4次。随着冲泡次数的增加,茶叶中的营养物质会逐渐减少,因此在后续的冲泡中,应适当延长茶叶的浸泡时间,以充分提取茶叶的香气和口感。

二、黄茶冲泡流程

冲泡君山银针的基本操作规范见表6-6-1。

表6-6-1　冲泡君山银针的基本操作规范

程序	操作规范	示例
备具、备水	准备茶盘、玻璃杯、玻璃杯盖或玻璃盖片、煮水壶、茶道组、水盂、茶叶罐、茶荷、茶巾	—
温杯、洁具	向玻璃杯中注入约1/3杯的开水,随后用双手旋转玻璃杯,将水倒入水盂,这样既能够温热茶具,也有助于释放茶叶的香味	
赏茶	从茶叶罐中取出适量的茶叶放入茶荷中,仔细观赏其形态和色泽。同时感受干茶的香气,评价黄茶的品质特征	

续表

程序	操作规范	示例
投茶	用茶则或茶匙将茶叶投入玻璃杯,投茶量为3克	
注水	用"凤凰三点头"的注水方式将80—85℃的水注入玻璃杯	
泡茶	盖上玻璃杯盖,静置大约3分钟即可品饮	
奉茶	双手端起茶杯,向客人行点头礼,将泡好的黄茶奉送到客人面前,轻放在茶桌上。右手掌心向上,做出"请"的手势,邀请客人品茶	

他山之石

恭城油茶

恭城油茶被誉为"中国咖啡",是将经过充分捶打后的茶叶、生姜、花生、蒜米等原料放入沸水中熬煮而成的茶饮,具有提神醒脑、消食健胃、祛湿避瘴的功效,是恭城人民的"养生汤"。相关史料记载,恭城油茶始创于唐朝,距今

Note

已经有1000多年的历史,积淀了深厚而独特的油茶文化。油茶已经成了恭城人必不可少的餐饮元素,也是桂林饮食文化的一张名片。

2022年,恭城"瑶族油茶习俗"成功入选联合国教科文组织人类非物质文化遗产代表作名录。恭城以茶会友,娓娓讲述中华文明故事,并将油茶与文学、音乐、舞蹈、美术、美食、戏曲等巧妙结合,展现出对东方生活美学的传承与创新。恭城油茶正逐步"走"出中国,"走"向世界。

（资料来源:https://v.gxnews.com.cn/a/21174626。）

素养提升

一字至七字诗·茶

唐·元稹

茶,

香叶,嫩芽。

慕诗客,爱僧家。

碾雕白玉,罗织红纱。

铫煎黄蕊色,碗转曲尘花。

夜后邀陪明月,晨前独对朝霞。

洗尽古今人不倦,将知醉后岂堪夸?

润物无声
▼
文化传承;
人文素养;
中国茶
文化

茶余课后

任务一:教师准备两款茶叶——蒙顶黄芽和君山银针,学生以小组为单位,根据兴趣选择对应的茶品,各组成员分工合作,完成黄茶冲泡任务。品一品、比一比,看哪一组冲泡的黄茶质量最好。

任务二:每组挑选一位学生代表,冲泡同一款黄茶,并进行相互品鉴与评价,最终由各组学生代表组成的评委团评选出茶艺最为精湛的小组。

评价标准

教学评价	评价标准	标准分值	个人评价(10%)	小组评价(30%)	校内外教师评价(60%)	得分合计
课堂纪律(30%)	出勤率	15分				
	课堂纪律	15分				
项目评价(50%)	自主学习能力	5分				
	操作能力	35分				

Note

续表

教学评价	评价标准	标准分值	个人评价(10%)	小组评价(30%)	校内外教师评价(60%)	得分合计
项目评价(50%)	处理特殊情况的能力	5分				
	对客服务意识	5分				
团队协作能力(20%)	参与团队任务的积极程度	10分				
	小组分工配合程度	10分				

任务七　花茶茶艺

🍵 任务目标

通过本任务的学习,了解冲泡花茶所需的茶具及冲泡过程中的注意事项,提升在冲泡花茶方面的操作技能和服务水平。

🍵 任务描述

花茶又称"香片",属于我国极具特色和富有诗意的再加工茶类,加工方式主要是将经过精制的烘青绿茶进行窨制,窨制过程中通常使用茉莉、桂花、玫瑰等。花茶的干茶细嫩匀净,色泽翠绿,白毫显身,花香纯正馥郁,茶汤清澈明亮,滋味醇和鲜爽。

🍵 任务分析

本任务主要引导学生了解花茶的品质特征,掌握花茶冲泡的基本流程和使用玻璃杯冲泡花茶的基本方法。

🍵 任务准备

准备盖碗、"茶道六君子"等泡茶用具;准备茉莉花茶;预习花茶的种类,了解茉莉花茶的冲泡流程。

 **任务实施**

一、花茶冲泡要领

（一）水温

冲泡花茶的水温视茶坯种类而定：若为未发酵的茶叶，使用过高的温度的水冲泡会烫伤茶叶，致使茶汤口感苦涩；若为半发酵或发酵的茶叶，使用温度过低的水冲泡将不利于茶叶的舒展，也不能很好地散发香气，从而失去品饮价值。名优花茶，如茉莉银针、桂花龙井等，宜用85℃的水冲泡，玫瑰红茶宜用90℃的水冲泡，桂花乌龙宜用100℃的水冲泡。

（二）器具

冲泡花茶时，可选用瓷壶、盖碗、玻璃杯等器具。花茶是需要闷泡的茶品，盖子起到聚拢茶香的作用，这样一来，在揭开盖子的时候，就会香气扑鼻，最好地体现花茶的品质。

（三）茶水比例

一般每杯投茶3克，冲入沸水150毫升，茶与水的比例为1∶50。

（四）冲泡次数

花茶一般可续水3—4次，随着冲泡次数的增加，茶叶中的营养物质会逐渐减少。因此，在后续泡茶时，应适当延长闷茶的时间，以便更好地提取茶叶中的营养成分。

二、花茶冲泡流程

冲泡茉莉花茶的基本操作规范见表6-7-1。

表6-7-1　冲泡茉莉花茶的基本操作规范

程序	操作规范	示例
备具、备水	准备茶盘、盖碗、煮水壶、茶道组、茶叶罐、茶荷、茶巾等	—
温杯、洁具	打开碗盖，注入约一半的开水，再将碗中的水倒入茶盘中，这样既能够温热茶具，也有助于释放茶叶中的香味	

教学视频
▼

花茶的冲泡技艺和茶艺表演

Note

续表

程序	操作规范	示例
赏茶	从茶叶罐中取出适量的茶叶放入茶荷中,仔细观赏其形态和色泽。同时感受干茶的香气,评价茉莉花茶的品质特征	
投茶	用茶则或茶匙将茉莉花茶投入盖碗中,投茶量为3克	
冲泡	用"凤凰三点头"的注水方式将水注入盖碗中,盖上杯盖静置大约3分钟即可品饮	
奉茶	双手端起盖碗,向客人行点头礼,将泡好的茶汤奉送到客人面前,轻放在茶桌上。右手掌心向上,做出"请"的手势,邀请客人品茶	

他山之石

百年茉莉香 花茶领袖"张一元"

俗话说,开门七件事——茶、米、油、盐、酱、醋、茶。对于北京人来说,茶不仅是生活的必需品,更体现了北京独特的风土人情。北京人爱茶,并对花茶情有独钟,在北京众多的茶庄里,张一元茶庄的茶好是公认的,人们极为喜爱的恰恰是张一元茶庄的茉莉花茶,北京人亲切地称赞其为"茉莉香片"。

始建于清光绪二十六年(1900年)的张一元茶庄,是中国茶叶行业里的金字招牌、北京耳熟能详的老字号。从成立至今,张一元茶庄已走过了100多年的光辉岁月,一步步发展成为当之无愧的茉莉花茶领导品牌。

张一元茶庄的茉莉花茶堪称花茶中的上上品,其"汤清、味浓、入口芳香、回味无穷"的特点,在北京茶行里独树一帜,口碑极佳。在20世纪初的北京,上到达官显贵,下至布衣百姓,壶里、杯中都少不了张一元茶庄的茉莉花茶。

2008年,"张一元茉莉花茶制作技艺"被列入国家级非物质文化遗产代表性项目名录,中国传统的茉莉花茶制作技艺得到了更为科学的保护、传承和发展。同年,张一元茶庄成为北京奥运村中国茶艺室的独立运营商,以茉莉花茶为代表的优质茶品,接待了来自欧洲、美洲、亚洲、非洲、澳洲等地的150多位国际友人,为中国茶"走"向世界做出了新贡献。随后,张一元茉莉花茶成功入选上海世博会"中国世博十大名茶",并成为2010年上海世博会联合国馆指定用茶。

"一元复始,万象更新。"清韵悠长的张一元茉莉花茶不仅成为一辈辈北京人的生活印记,也以茉莉花茶领导品牌的身姿书写着茉莉花茶的更多荣耀。

(资料来源:https://zhlzh.mofcom.gov.cn/news/getNews/32211。)

素养提升

与时俱进的花草茶

各种花朵和草本植物自古以来就被用于茶的调配,为人们提供了多样的茶饮口感,花草茶也因其药用价值而备受推崇。世界各地的代表性花草茶品类,如中国的菊花茶、英国的洋甘菊茶、法国的薰衣草茶等,在不断地发展演变中,形成了各具特色的花草茶文化。

当代人日益关注健康问题,花草茶也在继承传统与创新发展中更具多样性。花草茶新颖的搭配和创意的包装,对于年轻消费者而言极具吸引力。茶人的不断创新丰富了花草茶的口味,使花草茶在当代社会中焕发新的生机。

当代社会对健康的关注也催生了一系列关于花草茶的新概念、新创意,为花草茶注入了更多当代元素。传统的花草茶文化在当代得到传承,成为中国茶文化的重要组成部分。

(资料来源:https://baijiahao.baidu.com/s?id=17974525974962821161&wfr=spider&for=pc。)

润物无声:
文化传承;
守正创新

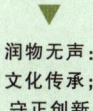

茶余课后

任务一:教师准备两款茶叶——茉莉花茶和菊花茶,学生以小组为单位,根据兴趣选择对应的茶品,各组成员分工合作,完成花茶冲泡任务。品一品、比一比,看哪一组冲泡的花茶质量最好。

任务二:每组挑选一位学生代表,冲泡同一款花茶,并进行相互品鉴与评价,最终由各组学生代表组成的评委团评选出茶艺最为精湛的小组。

评价标准

教学评价	评价标准	标准分值	个人评价(10%)	小组评价(30%)	校内外教师评价(60%)	得分合计
课堂纪律(30%)	出勤率	15分				
	课堂纪律	15分				
项目评价(50%)	自主学习能力	5分				
	操作能力	35分				
	处理特殊情况的能力	5分				
	对客服务意识	5分				
团队协作能力(20%)	参与团队任务的积极程度	10分				
	小组分工配合程度	10分				

任务八 黑茶茶艺

🍵 任务目标

通过本任务的学习,了解冲泡黑茶所需的常用茶具及冲泡过程中的注意事项,提高冲泡黑茶的操作能力和服务水平。

🍵 任务描述

黑茶属于后发酵茶,多作为紧压茶的原料,被加工成各种砖茶。黑茶的干茶色泽乌润,汤色红浓、明亮,滋味醇厚、甘甜,香气以沉香居多,叶底呈红褐色。

黑茶外形似枯枝焦叶,但是黑茶也有"五美",包括历史之美、"金花"之美、品茗感悟之美、品质功效之美、收藏鉴赏之美。黑茶给人以厚重、遒劲之感,在粗糙中见神韵,于朴实中显芳华。

Note 🍵

🍵 任务分析

本任务主要引导学生了解黑茶的品质特征,掌握黑茶冲泡的基本流程,学会使用紫砂壶冲泡黑茶的基本方法。

🍵 任务准备

准备紫砂壶、公道杯等泡茶用具;准备普洱熟茶;预习相关知识,包括黑茶的种类、普洱生茶与普洱熟茶的区别等。

🍵 任务实施

一、黑茶冲泡要领

(一)水温

黑茶属于陈茶,茶叶发酵时间长,因此冲泡用水宜为100℃,最能激发出茶叶里的营养成分和香味,也可用沸水润茶后,再用冷水煮沸,滋味更佳。

(二)器具

冲泡黑茶宜选择粗犷、大气的茶具,工夫泡饮法一般采用盖碗或紫砂壶,煮饮法一般采用陶壶、玻璃壶等。

1. 紫砂壶

对于黑茶而言,适宜用高温促进茶叶内含物的析出,因此,在器具方面,宜选用壁厚、粗犷、茶肚比较大的紫砂壶,此种器具透气性和保温性较好,是冲泡黑茶的极佳器具。

2. 盖碗

盖碗清雅的风格最能凸显黑茶的色彩美,此外,盖碗便于客人欣赏黑茶茶汤的色泽变化,因此盖碗为黑茶茶艺中极为常用的冲泡器皿。

(三)茶水比例

一般而言,根据壶的容量大小,每壶投茶5—10克,注入沸水250—500毫升。冲泡普洱茶的茶与水的比例以1:30为宜;冲泡高档茶砖、散尖茶的茶与水的比例约1:30;冲泡粗老砖茶的茶与水的比例约1:20。饮茶者可根据个人偏好,对以上茶水比例进行适当调整。

(四)注水方式

应注意注水的速度和角度。注水的速度会影响水的温度:注水快、水流粗,则水温高;注水慢、水流细,则水温相对要低 一 些,应针对所泡茶叶的特性进行相应的调整。新茶可采用低斟回旋的方式沿着杯壁注水;陈茶可采用定点高冲的方式注水。

(五)冲泡次数

一般而言,冲泡黑茶时,可续水5—6次。随着冲泡次数的增加,茶叶中的营养物质会逐渐减少。因此,在后续泡茶时,应适当延长闷茶的时间,以便更好地提取茶叶中的营养成分。

(六)撬茶方法

1. 茶刀撬取法

对于压得不是非常紧的砖茶,可以用茶刀进行撬取:从砖茶侧面沿边缘插进茶刀,稍稍用力,将茶刀向砖茶里侧推进,这样就不会把砖茶撬得很碎;再向上用力,剥落部分茶叶,随后用同样的方法顺着茶叶的间隙,一层一层地撬开,如图6-8-1所示。

图 6-8-1　茶刀撬茶①

2. 茶锥撬茶法

对于紧实的砖茶,可以使用茶锥撬茶:将茶锥的尖部插入砖茶内,在砖茶上形成一线性孔,这时候只要轻施外力,砖茶就可以被撬开了,如图6-8-2所示。

图 6-8-2　茶锥撬茶②

---

①图片来源:https://www.sohu.com/a/294989583_100290433。
②图片来源:https://www.sohu.com/a/292347800_803107。

二、黑茶冲泡流程

冲泡普洱茶的基本操作规范见表6-8-1。

表6-8-1　冲泡普洱茶的基本操作规范

程序	操作规范	示例
备具、备水	准备茶盘、紫砂壶、公道杯、煮水壶、茶道组、茶滤、滤架、茶叶罐、茶荷、茶巾、品茗杯、杯托等	—
温杯、洁具	打开紫砂壶的壶盖,注入约一半的开水。随后盖上壶盖,先将水倒入公道杯,再依次倒入品茗杯,这样既能够温热茶具,也有助于释放茶叶的香味	
赏茶	从茶叶罐中取出适量的茶叶放入茶荷中,仔细观赏其形态和色泽。同时感受干茶的香气,评价普洱茶的品质特征	
投茶	用茶则或茶匙将茶叶投入紫砂壶中,投茶量为7克	
润茶	用定点注水的方式,将开水慢慢注入紫砂壶,直至浸没茶叶。再迅速将茶汤倒入公道杯中,并将第一道茶汤淋在紫砂壶外壁,起到养壶和内外增香的作用	

续表

程序	操作规范	示例
冲泡	用定点注水的方式,将100℃的水注入紫砂壶内,等待5—10秒即可出汤。每增加一泡,等待时长可增加5—8秒	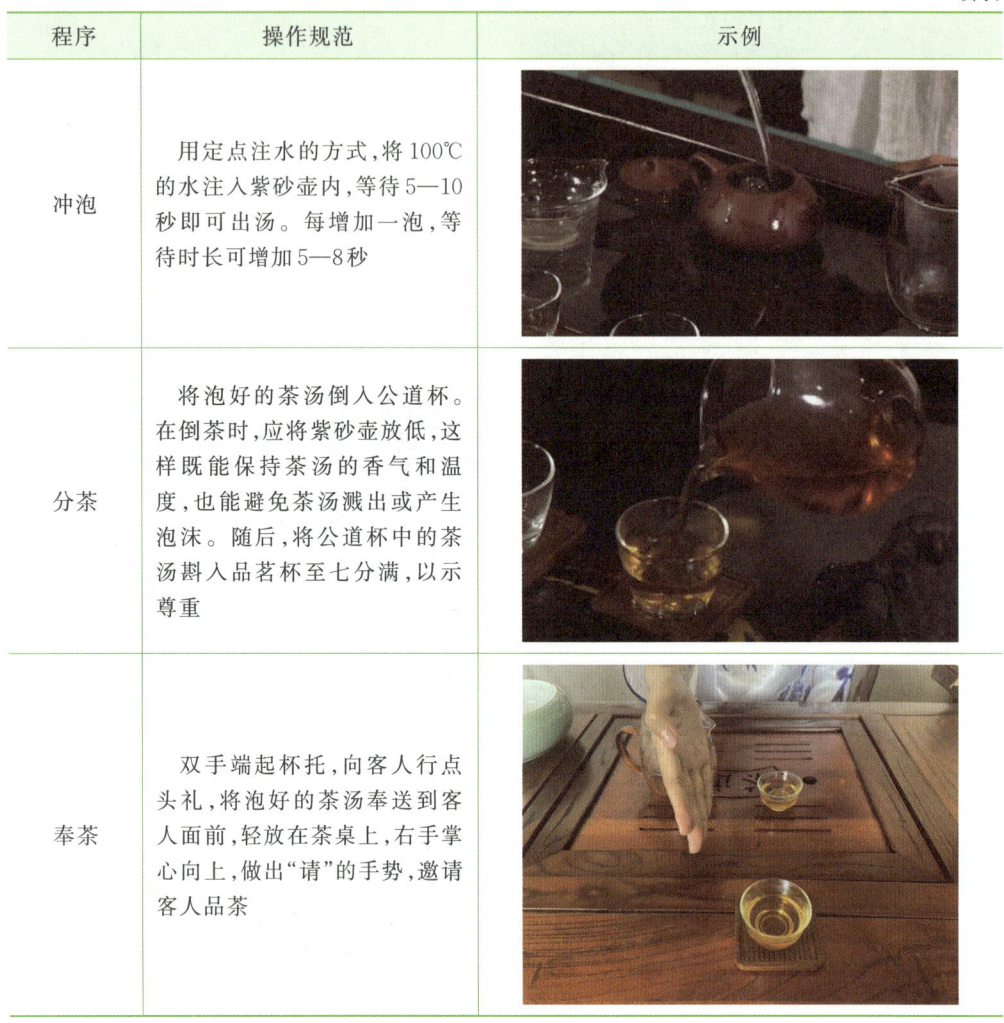
分茶	将泡好的茶汤倒入公道杯。在倒茶时,应将紫砂壶放低,这样既能保持茶汤的香气和温度,也能避免茶汤溅出或产生泡沫。随后,将公道杯中的茶汤斟入品茗杯至七分满,以示尊重	
奉茶	双手端起杯托,向客人行点头礼,将泡好的茶汤奉送到客人面前,轻放在茶桌上,右手掌心向上,做出"请"的手势,邀请客人品茶	

他山之石

跨越海峡的"千两"茶缘

2009年10月,首届中国湖南(益阳)黑茶文化节暨安化黑茶博览会举办期间,中国台湾地区著名茶文化学者曾至贤先生、著名茶艺大师何建先生,带着一支签有"华堂"二字的千两茶回到了它的故乡——安化,寻解"华堂"千两茶之谜。

曾至贤,于2001年在其黑茶文化专著《方圆之缘——深探紧压茶世界》中率先提出"千两茶是世界茶王"的论断,对安化黑茶的千两茶推崇备至,使得曾经誉满"丝绸之路"的神秘之茶,在沉寂了半个多世纪之后,"穿越时空隧道,走出历史云烟",再现辉煌。

Note

李华堂,安化老茶工,是国家级非物质文化遗产千两茶的传承人。1952—1958年,白沙溪茶厂出品了300多支千两茶,每支茶上都签有为首制作者的名字。这批茶存世极少,弥足珍贵。

在中央电视台《走遍中国》栏目的记者的帮助下,这两位台湾著名茶人终于找到了它的制作者——李华堂老师傅,了却了盘踞心头的夙愿。

何建先生郑重地为李华堂老人泡了一壶千两茶,所使用的茶叶正是李华堂老人在半个多世纪前所制作的,这一幕令在场的人唏嘘,李华堂老人和两位台湾著名茶人更是激动不已。这是一段跨越海峡的"千两"茶缘。曾至贤先生说,"这是我一生中最难忘的一个关于黑茶的故事"。

(资料来源:http://www.360doc.com/content/10/1218/17/3994525_79294155.shtml#google_vignette。)

素养提升

安 化 黑 茶

茶叶好不好,既在茶种,又在种茶、制茶。早在唐朝,安化便有"渠江薄片,一斤八十枚"的产茶记载,明朝安化黑茶被定为"官茶"后,在茶种选育、制作工艺上愈加精细,发展出"三尖""三砖""一卷"三个主要品类,其中湖南千两茶制作技艺、茯砖茶制作技艺被列入联合国教科文组织人类非物质文化遗产代表作名录。

安化因茶置县,依茶而兴,其境内梅山—雪峰山北段区域的茶马古道曾是当地茶叶外运的主要通道。千百年里,茶马古道将安化黑茶带出湖南,也承载了一段段茶历史。如今,安化作为中蒙俄万里茶道的重要起点,将通过文旅融合讲好安化黑茶故事,在现代"茶谱"中延续自己的"茶话会"。

(资料来源:http://hn.people.com.cn/n2/2023/1102/c336521-40625917.html。)

润物无声;
文旅融合;
文化自信;
精益求精;
产业兴国

茶余课后

任务一:教师准备两款茶叶——普洱生茶和普洱熟茶,学生以小组为单位,根据兴趣选择对应的茶品,各组成员分工合作,完成黑茶冲泡任务。品一品、比一比,看哪一组冲泡的黑茶质量最好。

任务二:每组挑选一位学生代表,冲泡同一款黑茶,并进行相互品鉴与评价,最终由各组学生代表组成的评委团评选出茶艺最为精湛的小组。

评价标准

教学评价	评价标准	标准分值	个人评价（10%）	小组评价（30%）	校内外教师评价（60%）	得分合计
课堂纪律(30%)	出勤率	15分				
	课堂纪律	15分				
项目评价(50%)	自主学习能力	5分				
	操作能力	35分				
	处理特殊情况的能力	5分				
	对客服务意识	5分				
团队协作能力(20%)	参与团队任务的积极程度	10分				
	小组分工配合程度	10分				

项目训练

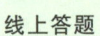

线上答题
▼

项目六

一、填空题

1."玉书碨、潮汕炉、孟臣罐、若琛瓯"是_____必备的"四宝"。

2.在各种茶叶的冲泡程序中,_____、茶叶的_____和_____是冲泡技巧中的三个基本要素。

3._____的香气浓郁清长,滋味醇厚、鲜爽、有回甘,具有特殊"岩韵",汤色橙黄且清澈。

4.冲泡红茶的主要用具有_____、_____、_____。

5._____具有"色泽为金、黄、黑相间,香气为复合型花果香或蜜香"的特点。

6.在演示冲泡茶叶的过程中,_____的基本程序包括:备器、煮水、备茶、置茶、冲泡、奉茶、收具。

7.在冲泡茶叶的_____环节,若茶叶品种不同,相应的要求也不同。

8.80℃的水温比较适宜冲泡_____。

9.冲泡绿茶时,若使用容量为200—250毫升的瓷壶,投茶量应为_____。

10.90℃左右的水温比较适宜冲泡_____。

二、判断题

1.茶叶中蛋白质含量为30%—50%,但在茶叶冲泡时,能溶于水的蛋白质含量仅为3%—5%。(　　)

2.在冲泡工夫茶的过程中,斟茶时应把泡好的茶汤注入茶杯中,杯中茶汤以倒满为宜。(　　)

3.在冲泡茶的基本程序中,温壶(杯)的主要目的是清洗与消毒茶具。(　　)

Note

4.判断茶叶质量的客观标准主要包括茶叶外形的匀整度、色泽、香气、净度等方面。
(　　)

5.冲泡乌龙茶宜用"一沸"水。(　　)

三、简答题

1.请简述绿茶的冲泡流程。

2.茶叶可以长时间浸泡吗？为什么？

项目测试
参考答案

项目六

Note

项目七
茶艺表演

项目情景描述

通过本项目的学习,了解不同茶类茶艺表演之间的区别、不同茶类茶艺表演的基本要求,并对代表性茶类茶艺表演的鉴赏有基本认知。

知识网络

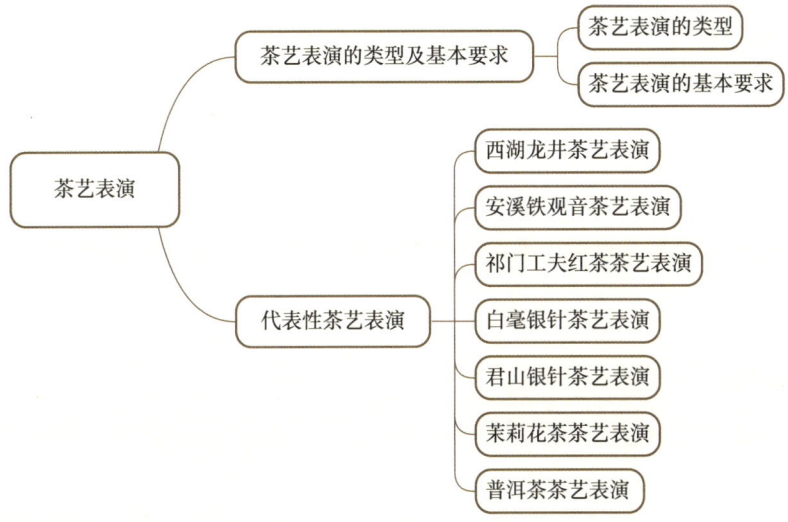

项目目标

知识目标

(1) 了解不同茶类茶艺表演的基本要求。
(2) 掌握鉴赏代表性茶类茶艺表演的方法。

能力目标

(1) 了解茶艺表演的基本要素及流程。
(2) 能够运用所学知识,设计并鉴赏茶艺表演。
(3) 提升在相关岗位的服务能力和解决问题的能力。
(4) 提高茶事服务能力。

素养目标

(1) 加深对我国茶文化内涵的认知。

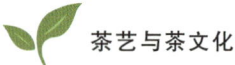

（2）能够为客人提供针对性茶事服务，具备敬业精神、认真细致的工作态度、较强的交际能力、团队协作能力和对客服务意识。

任务一　茶艺表演的类型及基本要求

任务目标

通过本任务的学习，了解茶艺表演的类型及基本要求。

任务描述

茶艺，这一独特的文化形式，不仅根植于中华优秀传统文化的深厚土壤，还广泛吸纳并借鉴了其他艺术形式，进而扩展到文学、艺术等多个领域，最终形成了独具魅力的民族茶文化。茶艺表演，作为中国茶文化的杰出代表，通过茶叶品评与艺术操作，巧妙地展示了茶文化的深刻内涵。整个茶艺表演过程完美融合了形式层面与精神层面的特质，成为饮茶活动中不可或缺的文化景观。

任务分析

本任务主要引导学生了解茶艺表演人员应具备的基本素养以及茶艺表演的基本要求。

任务准备

准备茶艺表演所需茶叶和茶具。

任务实施

一、茶艺表演的类型

茶艺表演是茶文化的重要组成部分，是茶文化精神内核的载体。茶艺表演既丰富了茶文化的内容，又能在现实生活中让人们领略茶文化的魅力。茶艺表演是指在特定的环境中，以茶为载体，以音乐为伴侣，用优美的动作来展示、体现饮茶之美的一门表演艺术。在茶艺表演中，茶艺师将泡茶的动作与泡茶的环境、器具、茶叶、音乐、文化内涵等有机融合在一起，展示出精彩的表演。

茶艺表演的类型多样，主要分以下几大类。

（一）民俗茶艺表演

民俗茶艺表演所展现的内容体现了特定地域独特的民俗风情,这些地域中的人们往往以茶会友、以茶为乐,茶是他们日常生活中不可或缺的一部分。茶艺表演人员在舞台上,巧妙地融合了特定地域的民俗文化,并通过艺术的手法进行提炼和再创作,茶作为核心元素贯穿始终。

诸如"西湖茶礼"这般典雅的表演,展现了杭州西湖地区的精致与和谐;"台湾乌龙茶茶艺表演"凸显了宝岛台湾的韵味与风情;"赣南擂茶"展现了江西赣南地区的粗犷与热烈;"白族三道茶"体现了云南白族人民的热情与好客。这些茶艺表演不仅展现了精湛的茶艺技巧,更融入了各少数民族独特的茶俗、服饰和音乐,使得整场表演既富有文化内涵,又极具观赏性。

（二）仿古茶艺表演

仿古茶艺表演(见图7-1-1)的内容主要受到历史资料的启发,经过精心提炼和加工后呈现给观众,主要反映历史的原貌,体现丰富的文化内涵,代表性表演包括:"公刘子朱权茶道表演",重现了古代茶道的传统仪式;"唐代宫廷茶礼",展示了唐代宫廷中茶文化的庄重与典雅。这些表演不仅能让观众领略到中国古代茶文化的魅力,同时也传承和弘扬了中华优秀传统文化。

图7-1-1　仿古茶艺表演[①]

（三）宗教茶艺表演

中国佛教与道教均与茶结下了不解之缘。道家崇尚茶道中蕴含的淡泊、宁静与回

①图片来源:http://k.sina.com.cn/article_2537358552_973d04d8001007zxv.html?from=cul。

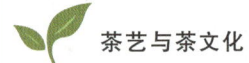

归自然的特质;而佛家则在茶的品味中体悟禅意,形成了"静、省、序、净"的禅宗文化理念。因此,在举办宗教茶艺表演时,务必营造宁静而庄重的氛围,所选用的茶具亦需古朴典雅,以彰显佛教、道教返璞归真、以茶悟道、茶禅合一的核心理念。其中,禅茶茶艺、太极茶艺、观音茶艺、三清茶艺等均为代表性的茶艺形式。

（四）其他茶艺表演

除了上述茶艺表演类型,还有一些其他茶艺表演形式,这些茶艺表演大多取材于特定的风俗文化内容,并进行艺术提炼与加工,以展示特定文化内涵为主要目的,如"火塘茶情""新娘茶"等。这类茶艺表演通过独特的茶艺技巧和表演形式,向观众呈现出了不同地区、不同民族独特的茶文化魅力和内涵。

二、茶艺表演的基本要求

优秀的茶艺师,能巧妙地将茶文化的深厚底蕴以及茶艺设计中蕴含的审美情趣,在精心设计的茶艺表演中完美展现,让观众在品味茶香的同时,获得独特的艺术享受。要想开展一场优秀的茶艺表演,需要符合以下几方面的基本要求。

（一）表演方面

茶艺表演是一种综合艺术,要求整体表演自然、流畅、连贯,同时要规范且优美。茶艺表演不仅需要展示形式之美和动作之美,还需要展现环境之美和神韵之美,通过这些元素,传递出茶道的精神和思想。

（二）解说方面

茶艺表演的解说词不仅包括对相关文化背景、茶叶特色以及参演人员的简短描述,还需要对整场表演的主题进行精准诠释。在撰写茶艺表演解说词时,应确保语言兼具文学性和艺术性,以营造出引人入胜的氛围。

对于具有古典韵味的茶艺表演,解说词中可巧妙地融入古代诗词歌赋以及儒释道等方面的经典著作的内容,使其更显文化底蕴。

对于展现现代特色的茶艺表演,解说词可采用现代散文的形式,从而更贴近现代审美。

对于富含民族特色的茶艺表演,解说词中可以巧妙地加入对于民族习俗和民族语言的解说,以提升趣味性和文化深度。这样的解说词不仅能够准确地传达茶艺表演的精髓,还能让观众在品味茶香的同时,感受到深厚的文化底蕴和独特的艺术魅力。

（三）服饰搭配方面

在进行茶艺表演时,茶艺师应注重个人服饰与茶具等元素的协调搭配。茶艺表演的服饰可根据不同的主题进行灵活调整。若茶艺表演的主题为古风,茶艺师可选择带有梅、兰、竹、菊等花纹的浅色系服饰,以展现素雅的气质。若茶艺表演涉及少数民族文化,茶艺师可穿着相应的民族服装,以突显民族文化特色。总体而言,茶艺师的服饰搭配应大方得体,以展现出茶艺表演的高雅与和谐,示范样例如图7-1-2所示。

（四）礼仪方面

在茶艺表演过程中,务必重视接待礼仪、表演礼仪以及摆台礼仪,确保举止文雅、仪态优美。行茶礼仪的呈现,多通过含蓄而谦逊的动作,如鞠躬礼、寓意礼、伸手礼、叩指礼等,以彰显茶艺表演的精致美感和对客人的美好祝愿。

（五）音乐方面

茶艺表演的音乐选择极为丰富,可以是中国古典音乐,也可以是当代流行音乐。此外,自然的声音,如潺潺的流水声、悦耳的鸟鸣声、轻柔的下雨声,都可以成为茶艺表演的配乐。音乐的选择需要与茶艺表演的主题相得益彰,音量也要恰到好处。例如,在进行"西湖茶礼"的表演时,可以采用江南丝竹音

图 7-1-2　茶艺师的服饰搭配

乐来营造宁静优雅的氛围;而在进行"禅茶"的表演时,可以选择佛教音乐来强化禅意,帮助观众更好地进入冥想状态。

（六）流程编排方面

茶艺表演的整体流程需要进行合理编排,科学控制时间。茶艺表演的流程通常包括以下几个方面。

（1）准备茶具:精心挑选所需的茶具,确保它们干净且状态良好。

（2）展示茶具:向观众展示茶具,介绍其特点和用途,增加表演的艺术性和互动性。

（3）煮水:根据茶叶的特性和需求,煮制适量的水,确保水温适宜。

（4）装茶入杯:将适量的茶叶装入茶杯,为接下来的冲泡过程做好准备。

（5）注入滚水:将水注入茶杯,使茶叶充分浸泡在水中,释放茶叶的香气和味道。

（6）冲泡茶叶:根据茶叶的种类和品质,采用合适的冲泡方式,使茶叶充分展开,香气四溢。

（7）斟倒茶汤:将冲泡好的茶汤均匀地倒入各个茶杯,确保每位观众都能品尝到优质的茶汤。

（8）邀请观众观赏汤色:邀请观众欣赏茶汤的清澈度和色泽,感受茶叶的韵味和品质。

（9）邀请观众闻香:引导观众品闻茶香,感受茶汤的芬芳,增加品茶的仪式感。

（10）邀请观众品茶:邀请观众品尝茶汤,引导观众细细品味茶汤的口感,享受茶艺表演带来的愉悦体验。

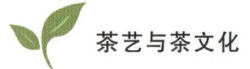

他山之石

茶　艺

茶艺,这门融合了民俗与艺术技巧的独特技艺,是指以遵循茶道为前提,对品茶习俗进行艺术化加工,以表演的形式向观众展示茶的冲泡、品饮、闻香等方面的技艺。它不仅提升了饮茶者的精神享受,还赋予茶丰富的灵性和艺术魅力。茶艺表演多姿多彩,为生活注入了无限乐趣,成为提升个人品位、丰富精神生活的重要方式。

茶艺也是一种舞台艺术,需要借助人物、道具、灯光、音响等元素的配合,以及合理的程序安排,为观众带来高尚、美好的视觉与心灵享受。茶艺更是一种人生艺术,它倡导在繁忙的生活中抽出片刻宁静,泡一壶香茗,细细品味其中的韵味,通过品茶感悟人生的酸甜苦辣,使心灵得到净化与升华。

茶艺还是一种深厚的文化,它融合了中华优秀传统文化的精髓,同时广泛吸收和借鉴了其他艺术形式,扩展到文学、艺术等领域,形成了独具特色的中国茶文化。随着时代的进步,茶艺需要不断传承与创新,才能从表演舞台走向千家万户,成为当代人所追求的健康的、有意境的、艺术化的生活方式的重要组成部分。

近年来,茶艺发展得到了国家的高度重视。1999年,国家劳动部正式将"茶艺师"列入《中华人民共和国职业分类大典》,并制定了相应的职业标准。2008年,茶艺(潮州工夫茶艺)被列入第二批国家级非物质文化遗产代表性项目名录,这充分体现了茶艺在当今社会的重要性和影响力。

（资料来源：http://www.360doc.com/content/16/1205/22/14220167_612290497.shtml。）

素养提升

茶艺之美

茶艺能引导观众深入理解中国茶文化的千年积淀,感受其与中国历史的联系,领悟"天人合一"的哲学思想,有助于观众形成尊重他人的理念,厚植爱国主义情怀,坚定文化自信。我们不仅要关注个人的内在修养,还要培养个人的外在气质,通过欣赏茶道的独特韵味,深化对茶艺之美的认识,提升个人的审美品位和人文素养。完成一场优秀的茶艺表演离不开表演团队成员的协作配合,茶艺表演人员应树立正确的艺术观念和创作观念,弘扬精益求精的工匠精神,以及爱岗敬业的劳模精神。

（资料来源：https://www.teamuseum.cn/news/performance.htm。）

润物无声：
内外兼修；
合作共赢

茶余课后

任务一:学生以小组为单位进行分工合作,按照茶艺表演的基本要求,选定一类茶进行茶艺表演编排,比一比哪一组编排得最好。

任务二:各小组结合茶艺表演编排内容进行演出评比,并在小组内推选出一名学生作为代表,成立评委团,由评委团选出茶艺表演技艺最为精湛的小组。

评价标准

教学评价	评价标准	标准分值	个人评价(10%)	小组评价(30%)	校内外教师评价(60%)	得分合计
课堂纪律(30%)	出勤率	15分				
	课堂纪律	15分				
项目评价(50%)	自主学习能力	5分				
	操作能力	35分				
	处理特殊情况的能力	5分				
	对客服务意识	5分				
团队协作能力(20%)	参与团队任务的积极程度	10分				
	小组分工配合程度	10分				

任务二　代表性茶艺表演

任务目标

通过本任务的学习,了解代表性茶艺表演,包括用具、解说、音乐、流程等方面。

任务描述

茶艺师在进行茶艺表演时,应将每道工艺做到最佳,并配合适宜的背景音乐进行恰当的解说。好的茶艺表演会让观众获得视觉、听觉、嗅觉、味觉等多方面的享受,让客人回味无穷。

Note

任务分析

本任务主要引导学生了解代表性茶艺表演。

任务准备

准备茶艺表演所需要的茶叶及茶具。

任务实施

一、西湖龙井茶艺表演

西湖龙井茶艺表演步骤及内容见表7-2-1。

表7-2-1　西湖龙井茶艺表演步骤及内容

步骤	操作内容	茶艺解说词（示例）
点香	点燃一支熏香,将熏香置于香炉中	泡茶修身养性,品茶如品味人生。在泡茶与品茶的过程中,我们追求的是内心的平静。点香意在营造一个祥和而肃穆的氛围,帮助我们驱散杂念,让心灵处于平和状态
洗手	将手洗净、擦干	洗手不仅体现了对客人的尊重,也体现了对茶的敬意。以洁净的双手,为客人泡制一壶好茶
洁具	将干净的玻璃杯再烫洗一次	茶是天地间孕育的灵物,我们泡茶使用的器皿也应至清、至洁。在玻璃杯中注入热水,既清洁了杯子,又为其增温,为接下来的泡茶过程做好准备
凉汤	将水倒入茶杯至1/3满,待其温度降至适宜冲泡西湖龙井的程度	西湖龙井的茶芽极其细嫩,直接用沸水冲泡会破坏其口感。因此,我们需将沸水凉至约80℃,这样才能泡制出色、香、味俱佳的西湖龙井茶
鉴茶	将茶叶置于茶荷中,欣赏西湖龙井的优美外形	古人有言:"院外风荷西子笑,明前龙井女儿红。"清明节前采制的龙井茶简称"明前龙井"(此时向客人介绍西湖龙井的品质特征)
投茶	用茶匙将适量的茶叶(3—4克)拨入每个茶杯	龙井茶的外形扁平光滑,色泽翠绿,香气浓郁,味道醇厚,堪称茶中佳品
润茶	拿起茶杯,轻轻晃动(摇香)	浸润泡的目的是使茶叶充分滋润,吸收水的温度和湿度。采用摇香的方式可以使茶香较快释放
注水	以"凤凰三点头"的注水方式泡茶	水壶三次轻盈地升起又落下,宛如一只凤凰在翩翩起舞,点头致意。这一泡茶的仪式可以展现茶艺师的精湛技艺,也能体现对客人的敬意和尊重
候茶	杯中的西湖龙井逐渐舒展并沉入杯底	碧绿的茶叶与清澈的茶汤相映成趣,宛如"碧玉沉清江"

续表

步骤	操作内容	茶艺解说词（示例）
奉茶	面带微笑，双手将茶杯恭敬地递给客人	犹如观音菩萨手捧甘露瓶，我们借此清茶祝愿各位客人健康平安、万事如意
赏茶	请客人欣赏冲泡中的西湖龙井的"茶姿"和"茶舞"，并进行一定的讲解	在热水的作用下，茶芽慢慢舒展开来，尖尖的茶芽如枪，展开的叶片如旗。这便是龙井茶特有的茶相——"旗枪"，极具观赏性和趣味性
闻香	请客人细细品闻西湖龙井的香气	西湖龙井的香气如兰花香但胜于兰花香，乾隆皇帝曾将其形容为"古梅对我吹幽芬"。品饮西湖龙井时，要"一看二闻三品味"，感受其清香如兰、芬芳宜人的独特魅力
品茶	请客人端杯小口啜饮，细细品味茶汤的美味	西湖龙井的口感甘香而不烈，令人心旷神怡、回味无穷。在品味的过程中，仿佛能感受到一种太和之气在齿颊间弥漫开来，这便是西湖龙井的"无味之味""至味"所在
谢客	收杯谢客，恭送客人	感谢客人的光临并送上祝福（"愿这一杯香茗能为您带来片刻的宁静与愉悦，也祝您往后的日子如茶香般悠长，生活甜蜜安康"）

二、安溪铁观音茶艺表演

安溪铁观音茶艺表演步骤及内容见表 7-2-2。

表 7-2-2　安溪铁观音茶艺表演步骤及内容

步骤	操作内容	茶艺解说
恭迎客人	点头致意，并请客人入座	茶艺师以敬手礼示意客人入座，随后自己入座
煮水	烧水	开始烧水，直至水沸腾
展示茶具	向客人逐一展示器具，并介绍用途	以优雅的手势逐一展示茶具，同时详细介绍每件茶具的用途和特性
洁具	用开水清洁茶具	用开水依次清洗紫砂壶、公道杯、品茗杯和闻香杯，为接下来的泡茶流程做好准备
取茶	量取茶叶	轻轻地将茶叶从茶叶罐中取出，放入茶荷中
赏茶	利用茶荷向客人展示安溪铁观音干茶，讲解其产地、颜色、特点和香型，并邀请客人品闻干茶的香气（冷闻）	安溪铁观音干茶条索肥壮、圆整、沉重，间有红点，青蒂绿腹，状似蜻蜓头，因而被称为"蜻蜓头""螺旋体"。其汤色金黄，香气浓郁，带有天然兰花香，入口回甜，极耐冲泡，有着"七泡有余香"的美誉
投茶	用茶匙将适量的安溪铁观音拨入紫砂壶	紫砂壶被誉为"茶叶的宫殿"，安溪铁观音属于乌龙茶，因此，这一投茶过程也被称为"乌龙入宫"
摇香	轻轻摇转紫砂壶	摇动茶叶，借助洗壶的余温将茶叶的香气烘出来。随后，茶艺师邀请客人品闻（温闻）茶叶的香气

续表

步骤	操作内容	茶艺解说
润茶	采用先低冲后高冲的注水方法,让茶叶在紫砂壶中充分翻卷	茶叶在紫砂壶中充分翻卷,得到充分的浸润。浸润茶叶,使茶叶逐渐展开,释放香气。这一过程也被称为"温润泡"
刮沫	将紫砂壶壶盖旋转一圈,轻轻刮去茶汤表面的泡沫	手提紫砂壶壶盖,刮去温润泡所产生的茶汤泡沫
出汤	安溪铁观音的头泡茶汤一般是不喝的,将其倒入公道杯	头泡茶汤虽然色泽诱人,但茶味尚未完全释放,因此不宜奉给客人。将茶汤由紫砂壶注入公道杯时,从壶口流出的水犹如蛟龙入海,因而这一过程被形象地称为"乌龙入海"
注水	第二次在紫砂壶中注水泡茶	第二次用高冲的注水方法向紫砂壶中注入开水,继续泡茶
淋壶	将头泡茶水淋在紫砂壶表面	这一步骤既冲去了温润泡后附在紫砂壶表面的茶叶泡沫,寓意着洗去客人的世俗烦恼,让客人静心品茶,还起到了养壶的作用
分茶	手持公道杯,向闻香杯中斟倒茶汤	手持公道杯,以巡回的方式,来回向闻香杯中斟倒茶汤,要注意公道杯与闻香杯之间的距离,避免将过多的茶汤倾倒在茶盘上
点茶	将公道杯中剩余的茶汤均匀倒入闻香杯,调节各杯中的茶水量	当茶汤接近公道杯底部时,改用点注的方式,一高一低、有节奏地向闻香杯内注入茶汤,使每杯中的茶汤量恰到好处。这种技巧被称为"韩信点兵"或"凤凰点头",既体现了茶艺师茶艺的精湛,又赋予茶灵动的生命力
翻转闻香杯	将品茗杯和闻香杯一同翻转过来,放在杯托上	用右手的食指和中指夹住闻香杯身,拇指扣住品茗杯底,轻轻翻转至心口位置,再用左手接住,稳稳地放在杯托上。这一系列动作流畅而优雅,体现了茶艺师的娴熟技艺
奉茶	将泡好的茶汤依次敬奉给客人	双手持杯托,轻轻放在客人面前,同时微微欠身,用右手做出"请"的手势。既体现了对客人的尊重,又展现了茶艺师的谦逊与礼貌
闻香	边用双手搓动闻香杯,边闻香	双手轻轻搓动闻香杯,这个动作有助于释放茶叶的香气
赏茶汤	观赏茶汤	通过观赏茶汤的颜色、光泽度以及茶渣的含量,可以判断茶叶的品质。根据这些细节,我们可以更加深入地了解茶叶的韵味和特色
品茶	端起品茗杯,品尝茶汤	采用"三龙护鼎"的姿势,即用拇指和食指捏住杯身,用中指托住杯底。这种端杯方式既稳妥又雅观,三根手指如三条龙般守护着茶杯这座鼎,既显庄重又富有趣味

Note

续表

步骤	操作内容	茶艺解说
谢客	收杯谢客,恭送客人	感谢客人的光临并送上祝福("愿这茶香能驱散您的疲惫,祝您事业蒸蒸日上,生活美满幸福")

三、祁门工夫红茶茶艺表演

祁门工夫红茶茶艺表演步骤及内容见表7-2-3。

表7-2-3　祁门工夫红茶茶艺表演步骤及内容

步骤	操作内容	茶艺解说(示例)
恭迎客人	点头致意,并请客人入座	以敬手礼请客人入座,随后自己入座
煮水	烧水	开始烧水,直至水沸腾
展示茶具	向客人逐一展示茶具,并介绍这些茶具的用途	逐一展示并介绍茶具,包括茶具的用途等方面
赏茶	用茶荷向客人展示祁门工夫红茶	祁门工夫红茶条索紧致、苗锋挺拔,色泽呈深邃的乌黑色,闪耀着润泽的光芒,红茶的英文名称"Black Tea"由此而来
洁具	用开水温洁茶具	将初沸之水缓缓注入瓷壶和瓷杯,主要目的是温洁茶具
投茶	用茶匙将茶叶拨入瓷壶	祁门工夫红茶因干茶的形、色等方面的特点,被誉为"王子茶"
润茶	醒茶、润茶	通过浸润茶叶,让茶叶"苏醒",也称"温润泡"
注水	注水冲泡茶叶	将约90℃的水,利用高冲的注水方式,让祁门工夫红茶在水的激荡下充分展开,从而释放出浓郁的香气,形成独特的口感
分茶	将茶汤倒入公道杯,再依次倒入品茗杯	将泡好的茶均匀地倒入每一个品茗杯中,使得每一杯茶的色泽和味道保持一致。俗语有云,"七分茶,三分情"
奉茶	将泡好的茶依次敬奉给客人	双手持杯托,将茶杯轻轻放在客人面前,微微欠身,用优雅的手势邀请客人品尝
闻香	端杯闻茶香	一杯茶在手,首先闻其香。祁门工夫红茶是世界三大高香茶之一,其香气浓郁而高长,被誉为"茶中英豪""群芳之最",香气中透着如兰花香般的清新与甜美
赏茶汤	观赏杯中茶汤的颜色	祁门工夫红茶的汤色红艳明亮,是茶汤有着完美的鲜爽度的体现。观察叶底,可见其嫩软红亮,犹如宝石般璀璨

续表

步骤	操作内容	茶艺解说(示例)
品茶	闻香观色后即可细细品饮	祁门工夫红茶的口感鲜爽,滋味醇厚且回味绵长
谢客	收杯谢客,恭送客人	感谢客人的光临并送上祝福("愿您的生活如这茶一般,越品越有味,平安喜乐伴您行")

四、白毫银针茶艺表演

白毫银针茶艺表演步骤及内容见表7-2-4。

表7-2-4　白毫银针茶艺表演步骤及内容

步骤	操作内容	茶艺解说(示例)
恭迎客人	点头致意,并请客人入座	茶艺师以敬手礼请客人入座,随后自己入座
煮水	烧水	开始烧水,直至水沸腾
展示茶具	向客人逐一展示茶具,并介绍茶具的用途	逐一展示茶具,并详细阐释每件茶具的独特用途
赏茶	用茶荷向客人展示白毫银针	白毫银针是白茶中的极品,干茶呈银白隐绿,白毫满披,将茶的美味与花香融为一体
洁具	用开水温洁茶具	在冲泡白茶时,宜选用玻璃杯或瓷壶。玻璃杯不仅能够有效地保留白茶的原汁原味,还可以让客人清晰地观察到茶叶在冲泡过程中的微妙变化。用沸腾的水温杯,不仅为了清洁,也为了让茶叶的内含物能更快地浸出
投茶	用茶匙将茶叶拨入玻璃杯	福鼎所产的白毫银针是极品中的极品,多次荣获"国家名茶"称号,干茶满披白毫、纤长细嫩
润茶	拿起茶杯,轻轻晃动(摇香)	先向茶杯中注入适量沸水,目的是温润茶芽;再轻轻摇晃(匀香),以便茶叶在冲泡过程中能够迅速释放茶香
注水	注水冲泡茶叶	温润茶芽之后,采用悬壶高冲法注水,白毫银针在杯中上下翻滚,仿佛在翩翩起舞,茶叶中的有效成分也能在这一环节快速析出
奉茶	将泡好的茶依次敬奉给客人	双手持杯托,将茶杯轻轻放在客人面前,微微欠身,用优雅的手势邀请客人品尝
品茶	请客人端杯啜饮,细细品味茶汤的美味	白毫银针为夏日佳饮,有退热祛暑的功效,时常饮用白茶能使人精神愉悦、心旷神怡

续表

步骤	操作内容	茶艺解说(示例)
谢客	收杯谢客,恭送客人	感谢客人的光临并送上祝福("愿这茶香能为您驱散疲惫,祝您未来的日子里,笑口常开,好运连连")

五、君山银针茶艺表演

君山银针茶艺表演步骤及内容见表7-2-5。

表7-2-5　君山银针茶艺表演步骤及内容

步骤	操作内容	茶艺解说(示例)
恭迎客人	点头致意,并请客人入座	茶艺师以敬手礼请客人入座,随后自己入座
煮水	烧水	开始烧水,直至水沸腾
展示茶具	向客人逐一展示茶具,并介绍茶具的用途	逐一展示茶具,同时详细介绍每件茶具的独特用途
赏茶	用茶荷向客人展示君山银针	君山银针产自我国湖南岳阳的君山,是我国十大名茶之一。其成品茶由全芽头制成,外形壮实挺直,满披白毫,色泽金黄光亮,俗称"金镶玉"
洁具	用开水温洁玻璃杯	黄茶的冲泡以玻璃杯为佳。玻璃杯不仅能够有效地保留黄茶的原汁原味,还便于客人欣赏君山银针特有的"三起三落"之奇观
投茶	用茶匙将茶叶拨入玻璃杯	量取大约5克君山银针投入玻璃杯,金黄油亮的茶芽缓缓落入杯底,寓意"金玉满堂"
注水	注水冲泡茶叶	采用"凤凰三点头"的注水方法,向玻璃杯里注水至七分满
闷茶	茶叶在杯中舒展	将水冲入玻璃杯后,盖上杯盖,减少水温的散失,有利于君山银针的芽叶舒展。玻璃杯中的热气形成一团雾气,形似君山岛上长年云雾缭绕的景象
候茶	茶叶在杯中悬空竖立,上下沉浮	君山银针茶芽在吸水后会产生气泡,微微张开的茶芽形似雀鸟之舌。舒展后的君山银针,芽尖冲向水面,悬空竖立,仿佛列队欢迎各位来宾的到来。茶叶在充分吸水后,会徐徐下沉,犹如天女散花
赏茶汤	茶叶停止浮动	这是冲泡君山银针时极具观赏性的一幕,其茶芽竖立杯底,如雨后破土而出的春笋
奉茶	移去玻璃杯盖,依次为客人敬奉泡好的茶	移去玻璃杯盖,一股蒸气从杯中升起,犹如一群白鹤升上天空。双手持茶托,将茶杯放在客人面前,同时微微欠身,用右手做"请"的手势,邀请客人品茶

续表

步骤	操作内容	茶艺解说（示例）
品茶	请客人端杯啜饮，细细品味茶汤的美味	手捧玻璃杯，将鼻子凑近，嗅闻君山银针茶汤的清香。分三口品啜君山银针茶汤，细细品味茶汤的醇厚、甘甜、鲜爽
谢客	收杯谢客，恭送客人	感谢客人的光临并送上祝福（"茶已尽，情未了。愿此次茶艺能成为您的美好回忆，祝福您天天好心情，幸福永相随"）

六、茉莉花茶茶艺表演

茉莉花茶茶艺表演步骤及内容见表7-2-6。

表7-2-6　茉莉花茶茶艺表演步骤及内容

步骤	操作内容	茶艺解说（示例）
恭迎客人	点头致意，并请客人入座	茶艺师以敬手礼请客人入座，随后自己入座
煮水	烧水	开始烧水，直至水沸腾
展示茶具	向客人逐一展示茶具，并介绍茶具的用途	逐一展示茶具，并详细介绍每件茶具的独特用途
赏茶	用茶荷向客人展示茉莉花茶	赏茶也称"目品"。"目品"是花茶"三品"（目品、鼻品、口品）中的头一品，目的是观察、鉴赏花茶茶坯，主要包括茶坯的品种、工艺、细嫩程度等。特级茉莉花茶的茶坯多为优质绿茶，色绿质嫩，在茶中还混有少量的茉莉花干，花干的色泽白净明亮，由此称为"锦上添花"。再闻花茶的香气，体会"香花绿叶相扶持"，富有诗意，令人心醉
洁具	用开水温洁茶具	"竹外桃花三两枝，春江水暖鸭先知"是苏东坡的名句。苏东坡不仅是一个多才多艺的大文豪，还是一个至情至性的茶人。借助苏东坡的这句诗描述温杯，请各位客人充分发挥自己的想象力，看一看在茶盘中经过开水烫洗之后冒着热气的、洁白如玉的茶杯，是否神似在春江中游泳的鸭子
投茶	用茶匙将茶叶拨入盖碗	"落英缤纷"是陶渊明先生在《桃花源记》一文中描述的美景。当我们用茶匙把花茶从茶荷中拨入洁白如玉的盖碗时，花干与茶叶飘然而下，恰似"落英缤纷"
注水	注水冲泡茶叶	冲泡花茶也讲究高冲法注水。冲泡特级茉莉花茶时，要用85℃的水。热水从壶中直泄而下，注入盖碗中，盖碗中的花茶随水浪上下翻滚，恰似"春潮带雨晚来急"

续表

步骤	操作内容	茶艺解说（示例）
闷茶	使用碗盖闷茶	冲泡花茶一般使用盖碗，又称"三才杯"，盖碗的盖代表"天"，杯托代表"地"，中间的杯身代表"人"。茶人大多认为茶是"天盖之，地载之，人育之"的灵物。闷茶的过程象征着天、地、人"三才"合一，共同化育出茶的精华
奉茶	将泡好的茶依次敬奉给客人	敬茶时应双手捧杯，目视嘉宾并行点头礼，然后从右到左，依次将沏好的茶敬奉客人，并将最后一杯留给自己
闻香	闻茶香	闻香也称"鼻品"，这是"三品"花茶的第二品，品花茶讲究"未尝甘露味，先闻圣妙香"。细细品闻优质花茶的茶香是一种精神享受，感悟在"天""地""人"之间，一股新鲜、浓郁、纯正、清和的花香伴随着清雅的茶香氤氲上升，沁人心脾，使人陶醉
品茶	请客人端杯啜饮，细细品味茶汤的美味	品茶是指"三品"花茶的最后一品。品茶时应小口喝入茶汤，领略花茶所独有的"味轻醍醐，香薄兰芷"的花香与茶韵
谢客	收杯谢客，恭送客人	感谢客人的光临并送上祝福（"感谢各位贵客莅临品鉴，希望这茶韵能长留您心，祝您事事顺心，如意吉祥"）

七、普洱茶茶艺表演

普洱茶茶艺表演步骤及内容见表7-2-7。

表7-2-7　普洱茶茶艺表演步骤及内容

步骤	操作内容	茶艺解说（示例）
恭迎客人	点头致意，并请客人入座	茶艺师以敬手礼请客人入座，随后自己入座
煮水	烧水	开始烧水，直至水沸腾
展示茶具	向客人逐一展示茶具，并介绍茶具的用途	逐一展示茶具，并详细介绍每件茶具的独特用途
赏茶	用茶荷向客人展示普洱茶	普洱茶盛产于云南，其外形古朴圆润，色泽深褐，形状各异，分为砖茶、沱茶、饼茶、散茶四大类。普洱茶兴于唐，盛于宋，于明清时名扬天下
洁具	用开水温洁茶具	泡茶时所使用的器具须一尘不染。此外，可适当增加紫砂壶内外的温度，有利于蕴蓄茶味
投茶	用茶匙将茶叶拨入紫砂壶	普洱茶不同于普通茶，普通茶论新，而普洱茶则讲究陈。除了可以用于品饮，普洱茶还具有收藏价值

续表

步骤	操作内容	茶艺解说(示例)
润茶	浸润干茶	浸润泡是指通过快速浸润干茶一至两遍,让茶叶充分湿润,变得松散,以便后期冲泡时释放茶香
注水	注水冲泡茶叶	用定点注水的方式,将100℃的水注入紫砂壶内,等待5—10秒即可出汤
分茶	将茶汤倒入公道杯,再依次倒入品茗杯	俗语有言:"茶满欺人,酒满敬人。"从来茶倒七分满,留下三分是人情。此外,茶友间不应"厚此薄彼",斟茶时每杯茶水应等量、浓淡一致
奉茶	将泡好的茶依次敬奉给客人	将茶杯置于桌面上,10秒后可以发现茶汤红浓透亮,油光显现
品茶	请客人端杯啜饮,细细品味茶汤的美味	在品味的过程中,能够感受到普洱茶的陈香、陈韵在口中慢慢弥散
收杯谢客	请客人细饮慢品,徐徐体味茶之真味,获得茶之真趣	感谢客人的光临并送上祝福("愿这茶香为您的生活增添一抹亮色,祝您阖家欢乐,幸福安康")

他山之石

"闲对茶经忆古人——唐宋元明清"茶艺表演

"闲对茶经忆古人——唐宋元明清"茶艺表演根据中国历代饮茶方式的演变编排而成,融合了唐朝的"煮茶法"、宋元时期的"点茶法"、明清时期的"瀹饮法"等历朝历代的茶叶品饮方式,以"境幽、器雅、人淡、茶清、神闲、意远"为表现特色,充分体现了"师法自然""天人合一"的哲学思想。

素养提升

"中国传统制茶技艺及其相关习俗"申遗成功

2022年11月29日,我国申报的"中国传统制茶技艺及其相关习俗"项目,经联合国教科文组织保护非物质文化遗产政府间委员会评审通过,列入联合国教科文组织人类非物质文化遗产代表作名录。至此,我国共有43个非物质文化遗产项目列入联合国教科文组织非物质文化遗产名录、名册,居世界第一。

中国传统制茶技艺及其相关习俗是有关茶园管理、茶叶采摘、茶的手工制作,以及茶的饮用和分享的知识、技艺和实践。制茶师根据当地的风土,使用炒锅、竹匾、烘笼等工具,运用杀青、闷黄、渥堆、萎凋、做青、发酵、窨制等核心技艺,发展出绿茶、黄茶、黑茶、白茶、乌龙茶、红茶六大传统茶类及花茶等再加工茶,2000 多种茶品,以不同的色、香、味、形满足着民众的多种需求。饮茶和品茶贯穿于中国人的日常生活。人们采取泡、煮等方式,在家里、工作场所、茶艺馆、餐厅、寺院等场所饮茶。在交友、婚礼、拜师、祭祀等活动中,饮茶也是重要的沟通媒介。以茶敬客、以茶敦亲、以茶睦邻、以茶结友为多民族共享,为相关社区、群体和个人提供认同感和持续感。

该遗产项目世代传承,形成了系统完整的知识体系、广泛深入的社会实践、成熟发达的传统技艺、种类丰富的手工制品,体现了中国人所秉持的谦、和、礼、敬的价值观,对道德修养和人格塑造产生了深远影响,并通过丝绸之路促进了世界文明的交流互鉴,在人类社会可持续发展中发挥着重要作用。

(资料来源 :http://www. xinhuanet. com/world/2022 - 11/29/c_1129171862.htm?d=1669786462778。)

▼
润物无声:
技能强国;
民族自信;
守正创新

茶余课后

教师准备西湖龙井和茉莉花茶两款茶叶,学生以两人为一组(一人负责冲泡,另一人负责解说),选择其中一个茶品进行冲泡操作。之后,由推选出的若干名学生代表组成评委团,对各小组的冲泡操作及冲泡出的茶汤进行点评,选出冲泡技艺最为精湛的小组。

评价标准

教学评价	评价标准	标准分值	个人评价(10%)	小组评价(30%)	校内外教师评价(60%)	得分合计
课堂纪律(30%)	出勤率	15分				
	课堂纪律	15分				
项目评价(50%)	自主学习能力	5分				
	操作能力	35分				
	处理特殊情况的能力	5分				
	对客服务意识	5分				
团队协作能力(20%)	参与团队任务的积极程度	10分				
	小组分工配合程度	10分				

Note

线上答题
▼

项目七

项目测试

一、填空题

1. 茶艺表演中的"四艺"是指挂画、插花、焚香、_____。

2. "甘露润莲心"是指在开泡前向杯中注入少许热水,起到_____的作用。

3. 让客人品饮与评价的形式属于_____。

4. 茶艺表演中,与品茶客人沟通时要_____、_____。

5. 乌龙茶茶艺中的"三龙护鼎"是指_____的方法。

6. _____法,即在茶汤中加入各种配料以佐汤味的一种饮用方法。

7. 茶艺表演通过_____向人们呈现茶艺的魅力。

8. 茶艺是指_____与_____的技艺。

9. _____的茶艺表演内容属于地域风情式。

10. 茶艺师以_____、_____、_____,即"三心",对客人产生正面、积极的影响。

二、判断题

1. 为防止茶叶陈化变质,应避免存放时间太长、储存于高温高湿的环境或被阳光直射。(   )

2. 潮汕工夫茶主要冲泡器具中,品茗杯多选薄胎白瓷小杯。(   )

3. 使用名泉水泡茶的好处在于,名泉水经过了砂石的过滤,水质清澈晶莹,含极少的氯化物。(   )

4. 为了体现礼节,茶艺师在服务中要注意"三轻",即问候轻、迎客轻、送客轻。(   )

三、简答题

1. 茶艺表演主要由四名茶艺师负责,分别是主泡师、副泡师、礼仪人员、讲解人员,请简述他们各自的工作职责。

2. 请简述茶艺师的主要工作内容。

项目训练
参考答案
▼

项目七

附录 A　中国其他名茶一览表

中国其他名茶一览表

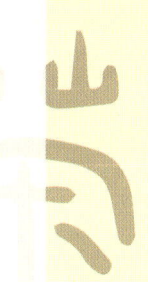

附录 B 茶艺英语词汇

茶艺英语词汇

教学视频
▼

茶席介绍（中英文）

教学视频
▼

茶艺英语词汇

附录 C　茶事服务对话

茶事服务对话

教学视频
▼

茶馆服务常用语及英文对话

教学支持说明

　　为了改善教学效果，提高教材的使用效率，满足高校授课教师的教学需求，本套教材备有与纸质教材配套的教学课件和拓展资源（案例库、习题库等）。

　　为保证本教学课件及相关教学资料仅为教材使用者所得，我们将向使用本套教材的高校授课教师赠送教学课件或者相关教学资料，烦请授课教师通过加入旅游专家俱乐部QQ群或公众号等方式与我们联系，获取"电子资源申请表"文档并认真准确填写后发给我们，我们的联系方式如下：

地址：湖北省武汉市东湖新技术开发区华工科技园华工园六路

邮编：430223

旅游专家俱乐部QQ群号：758712998

旅游专家俱乐部QQ群二维码：

群名称:旅游专家俱乐部5群
群　号:758712998

扫码关注
柚书公众号

华中科技大学出版社
http://press.hust.edu.cn

电子资源申请表

填表时间：_____年____月____日

1. 以下内容请教师按实际情况填写，★为必填项。
2. 根据个人情况如实填写，相关内容可以酌情调整提交。

★姓名		★性别	□男 □女	出生年月		★职务	
						★职称	□教授 □副教授 □讲师 □助教
★学校				★院/系			
★教研室				★专业			
★办公电话		家庭电话				★移动电话	
★E-mail （请填写清晰）						★QQ号/微信号	
★联系地址						★邮编	

★现在主授课程情况		学生人数	教材所属出版社	教材满意度
	课程一			□满意 □一般 □不满意
	课程二			□满意 □一般 □不满意
	课程三			□满意 □一般 □不满意
	其 他			□满意 □一般 □不满意

教 材 出 版 信 息		
方向一		□准备写 □写作中 □已成稿 □已出版待修订 □有讲义
方向二		□准备写 □写作中 □已成稿 □已出版待修订 □有讲义
方向三		□准备写 □写作中 □已成稿 □已出版待修订 □有讲义

　　请教师认真填写表格下列内容，提供索取课件配套教材的相关信息，我社将根据每位教师填表信息的完整性、授课情况与索取课件的相关性，以及教材使用的情况赠送教材的配套课件及相关教学资源。

ISBN（书号）	书名	作者	索取课件简要说明	学生人数 （如选作教材）
			□教学　□参考	
			□教学　□参考	

★您对与课件配套的纸质教材的意见和建议，希望提供哪些配套教学资源：